U0182117

李文璟 喻鹏 丰雷——著

漫话6G

中国科学技术出版社
·北京·

图书在版编目（CIP）数据

漫话 6G / 李文璟，喻鹏，丰雷著 . — 北京：中国
科学技术出版社，2024.1
ISBN 978-7-5236-0408-3

Ⅰ . ①漫… Ⅱ . ①李… ②喻… ③丰… Ⅲ . ①第六代
移动通信系统—研究 Ⅳ . ① TN929.59

中国国家版本馆 CIP 数据核字（2023）第 238059 号

策划编辑	杜凡如　任长玉	责任编辑	杜凡如
封面设计	北京潜龙	版式设计	蚂蚁设计
责任校对	焦　宁	责任印制	李晓霖

出　　版	中国科学技术出版社
发　　行	中国科学技术出版社有限公司发行部
地　　址	北京市海淀区中关村南大街 16 号
邮　　编	100081
发行电话	010-62173865
传　　真	010-62173081
网　　址	http://www.cspbooks.com.cn

开　　本	710mm×1000mm　1/16
字　　数	200 千字
印　　张	15.5
版　　次	2024 年 1 月第 1 版
印　　次	2024 年 1 月第 1 次印刷
印　　刷	河北鹏润印刷有限公司
书　　号	ISBN 978-7-5236-0408-3 / TN·60
定　　价	79.00 元

移动通信的出现，在人类通信史上写下了浓墨重彩的一笔，从 20 世纪 70 年代出现第一代移动通信（1G）开始，已经演变到现在的第 5 代移动通信（5G）。而在世界移动通信发展历程中，我国经过 30 多年的努力，实现了 1G 空白、2G 跟随、3G 突破、4G 并跑和 5G 引领的精彩跨越，走出了一条从无到有、从弱到强、从边缘到主流的移动通信创新发展之路。

在 2019 年 5G 刚刚进入建设初期，业界就已经开始了 6G 的研究，很多人当时有困惑：6G 研究是否为时过早？其实移动通信领域的迭代一般以 10 年为一代，基本上是按照"成熟一代，建设一代，预研一代"的规律，当时 4G 已经成熟，5G 开始建设，6G 的研究正是启航之时。

经过近 5 年的研究和探索，业界对 6G 愿景的讨论已经基本成熟，并已逐步在各方向开展了关键技术的深入研究，相应的，市场上 6G 相关书籍开始逐步增多。

目前市场上 6G 相关书籍主要面向的读者是信息通信领域的专业人员，因此在内容编排和论述方式方面比较专业。随着越来越多的移动互联网业务的出现，公众对手机的依赖性日益增强，同时人工智能、元宇宙、虚实结合等新概念和新技术也逐渐发展，很多人对移动通信的兴趣与日俱增，希望了解未来的 6G 将是什么样子，能为人们的生活带来什么变化，等等。

目前 6G 专业书籍很难满足更多非专业人士的需求，因此我们萌发了用大家能看懂的方式为更多的读者写一本关于 6G 图书的想法。在中国科学技术出版社的支持下，完成了本书的写作。我们希望能以更加通俗易懂的语言向读者描绘 6G 是什么，未来 6G 可能有哪些业务，会给社会带来哪些变革，会对老百姓的生活和生产带来什么变化。进一步的，让读者能够了解未来 6G 有哪些核心关键技术，了解我国可能在哪些技术领域发力，以及目前 6G 的研究进展如何。

本书分为 4 章，第 1 章梳理了移动通信从 1G 到 6G 的发展历程，分析了 5G 网络存在的不足和面临的挑战，解释了为什么要研究 6G。第 2 章给出了 6G 的愿景，对 6G 虚实结合的双世界架构进行了展望。第 3 章介绍了未来 6G 典型的几类应用业务。第 4 章对目前处于热点的主要关键技术进行了介绍和分析。

本书作者团队来自北京邮电大学网络与交换技术全国重点实验室，长期从事无线通信及网络领域的科研、教学和标准化工作，对该领域的研究现状和发展趋势有着较为深刻的认识。作者团队承担了科学技术部 6G 相关的重点研发计划项目，与业界专家一起对 6G 技术展开了广泛而深入的研究和探索，并以此为基础完成了本书的编写工作。

在本书的编写过程中，得到了张平院士的关心和指导，周凡钦老师也做了大量的工作，在此一并表示衷心的感谢！

我们希望本书面对的读者更加广泛，既可作为高等院校本科生和研究生的课外参考读物，也适合对新一代移动通信感兴趣的非专业读者阅读。

由于作者的知识视野有局限性，书中难免存在不足或疏漏之处，敬请同行专家和广大读者批评指正。

李文璟

2023 年国庆节

目录

目录

第 1 章

从 1G 到 6G

第 1 节　移动通信的前世今生

📶 一、通信和信息的概念

为什么要通信？因为我们需要传递信息。

近年来，"信息"与"通信"这两个词已经深入我们社会的各个角落，信息化也成为当今世界不可阻挡的潮流。

信息，指音讯、消息，是通信系统传输和处理的对象，泛指人类社会传播的一切内容。人们通过获得、识别自然界和社会的各种不同信息来区别不同事物，得以认识和改造世界。

由此引出了信息技术这个术语，信息技术是管理和处理信息所采用的各种技术的总称，包括信息的获取、传递、存储、处理、显示、分配等技术。一般来说，主要是指设计、开发、安装、实施和应用信息系统及应用软件过程中使用的计算机技术和通信技术。

我国在《2006—2020 年国家信息化发展战略》中对信息化进行了定义："信息化是充分利用信息技术，开发利用信息资源，促进信息交流和知识共享，提高经济增长质量，推动经济社会发展转型的历史进程。"由该定义可知，信息化是一种进程，在很长时间内是我国开展信息技术应用的代名词。

我们再说一下通信，通信是指人与人之间，或人与自然之间通过某种行为或媒介进行的信息交流与传递，是通过使用相互理解的标记、符号或语义规则，将信息从一个实体或群组传递到另一个实体或群组的行为。从广义上来说，通信指需要信息的双方或多方在不违背各自意愿的情况下采用任意方法和任意媒质，将信息从某一方准确安全地传送到另一方的过程。

人类的通信历史悠久，语言、符号、钟鼓、烟火、竹简、飞鸽、纸书等都曾经作为传递信息的有效载体或工具。有些通信载体或工具虽然落后，但仍加强了社会组织之间的联系，促进了人与人之间的交流，极大地推动了人类文明的进步。到了 19 世纪，随着第二次工业革命的爆发，人类逐渐进入电气化时代，通信技术也迎来了跨越式发展，出现了大量新型的有线和无线通信技术及应用，包括电话、电报、无线电通信、广播、雷达、电视、计算机通信、光纤通信、卫星通信等，形成了现代信息通信技术发展的核心和主流。进入 20 世纪，信息通信技术更是飞速发展，被认为是人类科技世界中发展最快的技术之一。

从手写书信到计算机即时通信，从古代烽火台到卫星通信，从驿站传递到视频通信，从飞鸽传书到物联网通信……，通信技术的每一步发展都是人类社会发展进步的缩影。

要了解通信，首先需要了解通信系统的基本组成，一个通信系统由以下三个基本部分组成（图 1-1）：

①信源：表示信息的源头，即信息的发出方，通过发送设备将信息源的信息发送出去；

②信宿：表示信息的归宿，即信息传达的目的地，通过接收设备将信息传递给接收者；

③信道：表示信源与信宿间通信的媒介，如空气、电缆、光缆等都可以作为通信的信道，在信道传输信息的过程中不可避免地会掺杂进噪声。

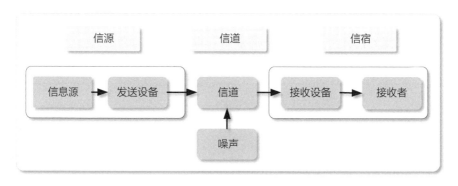

图 1-1　通信系统的基本组成

通信系统的划分方式有多种，我们常见的划分方式是通过信道的介质来区分的，如根据信道是有线的（电缆或光缆）还是无线的（电磁波），可分为有线通信和无线通信。移动通信，顾名思义就是通信的一方或者双方在移动中进行的通信过程，是一种无线通信技术，是通过电磁波介质实现远距离通信的技术，相比于有线通信而言，移动通信的传输环境和管理技术更为复杂。

移动通信的出现，为人类通信史留下了浓墨重彩的一笔。通信界人士曾经总结了移动通信历史上的一些革命性事件，下面我们简单回顾一下，了解一下移动通信的前世和今生。

二、移动通信中的革命性事件

电报与莫尔斯电码的发明

我们暂且不提移动通信，而从通信史说起。人类通信史上的革命性变化是从把电作为信息载体后发生的，而电报是一种最早用电的方式来传送信息的、可靠的即时远距离通信方式，它是 19 世纪 30 年代从英国和美国发展起来的。电报信息通过专用的交换线路以电信号的方式发送出去，该信号用编码代替文字和数字，通常使用的编码是莫尔斯电码（表 1-1）。

表 1-1　莫尔斯电码表

字符	电码符号	字符	电码符号	字符	电码符号	字符	电码符号
A	·—	N	—·	1	·————	Ñ	——·——
B	—···	O	———	2	··———	Ö	———·
C	—·—·	P	·——·	3	···——	Ü	··——
D	—··	Q	——·—	4	····—	,	·—·—·—
E	·	R	·—·	5	·····	.	·—·—·—
F	··—·	S	···	6	—····	?	··——··
G	——·	T	—	7	——···	;	—·—·—·
H	····	U	··—	8	———··	:	———···
I	··	V	···—	9	————·	/	—··—·
J	·———	W	·——	0	—————	+	·—·—·
K	—·—	S	···	Á	·——·—	=	—···—
L	·—··	Z	——··	Ä	·—·—	=	——·——
M	——	Z	——··	É	··—··	（ ）	—·——·—

　　欧洲的科学家早在 18 世纪就逐渐发现电的各种特质，开始有人研究使用电来传递信息的可能性，但一直没有出现具有商用意义的电报。到了 19 世纪，一位名叫约瑟夫·亨利（Joseph Henry，1797—1878 年）的美国人在 1830 年展示了英国科学家威廉·斯特金（William Sturgeon，1783—1850 年）发现的电磁铁在远距离通信方面的潜力，他通过发送 1 英里（1 英里 ≈ 1.61 千米）长的电线上的电子电流来激活电磁铁，导致钟响。1837 年，英国物理学家威廉·库克（William Cooke，1806—1879 年）和查尔斯·惠斯通（Charles Wheatstone，1802—1875 年）使用相

同的电磁学原理发明了电报，并申请了专利，但那时并没有真正投入使用。

此时，美国人塞缪尔·莫尔斯（Samuel Morse，1791—1872 年）在1832 年旅欧学习的途中，他开始对电报技术产生了兴趣，于是开始钻研电报技术。在钻研电报技术的过程中，如何把电报和人类的语言联系起来，成为摆在莫尔斯面前的一大难题，在灵感来临的瞬间，他在笔记本上记下了这样一段话：

"电流是神速的，如果它能够不停顿地走 10 英里，我就让它走遍全世界。电流只要停止片刻，就会出现火花，火花是一种符号，没有火花是另一种符号，没有火花的时间长又是一种符号，这三种符号可组合起来代表数字和字母。这样，能够把消息传到远处的崭新工具就出现了！"

随着这种伟大思想的成熟，莫尔斯成功地用电流的"通""断"和"长断"来代替人类的文字进行传送，这就是著名的莫尔斯电码。莫尔斯电码将英文字母和数字都编码成"点"和"划"两个状态，即把英文字母表中的字母、标点符号和空格按照出现的频度排序，然后用"点"和"划"的组合来代表这些字母、标点符号和空格，使频度最高的符号具有最短的点划组合。然后"点"对应短的电脉冲信号，"划"对应长的电脉冲信号，将这些电脉冲信号传到对方后，接收机再把短的电脉冲信号翻译成"点"，把长的电脉冲信号翻译成"划"，译码员根据这些点划组合就可以译成英文字母，从而完成信息传递的任务。

1837 年，莫尔斯成功研制了第一套传递莫尔斯电码的电报机。它是靠电流有规律地中断来实现信号传递的，具有简单、准确和经济实用的特点。1843 年，莫尔斯用美国国会赞助的 3 万美元，建起了从华盛顿到巴尔的摩的长达 40 英里的电报线路。1844 年 5 月 24 日，在华盛顿国会大厦联邦最高法院会议厅的典礼上，莫尔斯用激动得发抖的手，向巴尔的摩发送了人类历史上的第一份长途电报："上帝创造了何等的奇迹！（What hath God wrought! ）"不久后，莫尔斯电码和莫尔斯电报机传到了欧洲，由此开始，电报风靡全球。莫尔斯电码被人们沿用至今，而电报机则不断地得到改进。

初期的电报是有线电报，即通过使用架在陆地上的电线进行通信，而最早期的电线属于单线式，需要通过地面完成回路，传送距离有限，更不能跨洋。到了1850年，首条海底电缆横越英吉利海峡，把英国及欧洲大陆连接起来。另外，首条横越大西洋的电报电缆则在1857年铺设完毕，但遗憾的是，出于技术原因，这条越洋电缆只使用了数天便宣告失灵。最终可用的大西洋海底电报电缆则是在1866年成功投入使用的。至于横越太平洋的海底电缆，则在1902年才完工。

据有关资料记载，1871年和1873年，丹麦大北、英商大东两家电报公司先后铺设海底电缆，从而进入上海，开始在中国经营电报业务。

如今，距离电报和莫尔斯电码的发明已将近两百年，随着通信技术的发展，电报早已不再是主要的通信方式。当互联网及移动通信日渐普及和广泛使用后，电报已经几乎销声匿迹了，它将逐渐进入尘封的历史中。但是，电报的发明，拉开了电子通信时代的序幕，开创了人类利用电来传递信息的历史，它在通信历史中将永远具有举足轻重的地位。

电话的发明

与电报几乎同期出现的是我们更加熟悉的电话。电报传送的是符号，发送一份电报，需要先将报文翻译成电码，再用电报机发送出去，收报方要将收到的电码翻译成报文，然后送到收报人的手里。这不仅手续麻烦，而且不能进行即时的双向信息交流。因此，人们开始探索一种能直接传送人类声音的通信方式，电话出现了。

最初关于电话发明者的认定存在争议，在经过了几年的争论之后，美国议会最终确认意大利人（后移居美国）安东尼奥·穆奇（Antonio Munch，1808—1889 年）是世界上第一位发明电话的人，因此，他被人们誉为"电话之父"。但是电话的专利权并不属于安东尼奥·穆奇，而是属于美国的另一位著名科学家亚历山大·格雷厄姆·贝尔（Alexander Graham Bell，1847—1922 年）。

穆奇于 1840 年左右开始关于电话的研究，九年之后，他成功通过电线连接了两个不同的房间，并安排了一位朋友在另一个房间中与自己交流，通过这根电线，穆奇可以很清楚地听到朋友说的话。由于当时电报已经发明了，因此穆奇称这个装置为"可以说话的电报"，这就是电话的雏形。1860 年，穆奇购买了报纸版面，向世界宣告电话的产生，然而此举却没有引起人们多大的注意，这一发明并没有在社会主流人群中得到认可。

与此同时，贝尔也开始了相关的研究。与穆奇的研究相比，贝尔的开端更为科学，他系统地学习了人的语音、发声机理和声波振动原理，在为听障人士设计助听器的过程中，他发现电流导通和停止的瞬间，螺旋线圈发出了噪声，这一发现使贝尔突发奇想，即"用电流的强弱来模拟声音大小的变化，从而用电流传送声音"。由此开始，贝尔和他的助手沃森特就开始了设计电话的艰辛历程。1875 年 6 月 2 日，贝尔和沃森特进行电话模型的测试，沃森特在紧闭门窗的一个房间内把耳朵贴在音箱上准备接听，却不料贝尔在操作时不小心把硫酸溅到了自己的腿上，他疼痛地叫了起来："沃森特，快来帮我啊。"没想到，这句话通过正在实验的电话传到了在另一个房间里工作的沃森特的耳中，而这句极普通的话，也成了人类通过电话传送的第一句话而载入史册。那一天是 1875 年 6 月 2 日，也被人们作为电话诞生的伟大日子而加以纪念，当年做电话实验的地方——美国波士顿法院路 109 号也因此载入史册，至今在楼门口仍钉着块铜牌，上面镌有："1875 年 6 月 2 日，电话诞生于此。"

1876 年 3 月 7 日，贝尔获得了电话的发明专利。1877 年，波士顿和纽约间架设的第一条电话线路开通，两地相距 200 多英里，并有人用电话给《波士顿环球报》发送了新闻消息，从此开始了公众使用电话的时代。贝尔成立了贝尔电话公司，这是世界著名的通信公司——美国电报电话公司（American Telephone & Telegraph，AT&T）的前身。一年之内，贝尔电话公司共安装了 230 部电话。后来，美国电报电话公司成立了一个以贝尔命名的实验室——贝尔实验室，贝尔实验室的创立在科技史上是意义重大的，因为在 20 世纪，贝尔实验室一直是世界上最富有创新力的科研机构之一，拥有通信技术、晶体管等多项重大发明以及电子衍射现象等多项重大发现，同时贝尔实验室对信息技术的发展，对推动世界科技进步产生了非常大的影响。

电话传入我国是在 1881 年，英籍电气技师皮晓浦在上海十六铺沿街架起一对露天电话，这是中国的第一部电话。1882 年 2 月，丹麦大北电报公司在上海外滩办起我国第一个电话局，用户 25 家。到 1949 年时，我国电话的普及率为 0.05%，电话用户有 26 万户。

电话的基本通信原理是通过声能与电能相互转换，并利用"电"这个媒介来传输声音。首先将两部电话机用一对线路连接起来，当发话者对着电话机讲话时，声带的振动带动空气振动形成声波，电话机将声波转换为电流，电流沿着线路传送到接收方的电话机，电话机再将电流转化为声波，并通过空气传至人的耳朵中，人便听到了对方传来的声音，由此完成了最简单的通话过程。

最初的电话是点对点的，后来为了让一个用户可以和多个用户通话，出现了电话交换机，电话交换技术历经多代的发展，从人工接续到自动交换到程控交换再到软交换。而电话机也在迭代更新，从最初的碳粉话筒到拨号盘电话到双音多频电话再到数字电话，以及后来的移动电话等，技术和产品都在一代代地演进。如今的电话通信技术和电话机与刚开始出现时已不可同日而语，已经成为人类社会中必不可少的工具。

可以说电话的出现，为人类的生活带来了翻天覆地的变化，电话的发明者——无论是穆奇，还是贝尔——为人类所做的贡献都是巨大的。

电磁波的发现

电报和电话的相继发明，使人类获得了远距离传送信息的重要手段。但是，最初的电报和电话的电信号都是通过金属线传送的，这就大大限制了信息的传播范围，而电磁波的发现为人类开辟了一条新的道路（图1-2）。

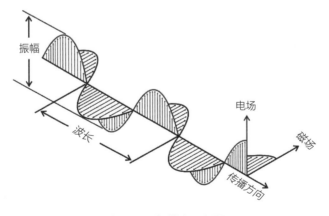

图 1-2 电磁波示意图

从科学的角度来说，电磁波是能量的一种，凡是能够释放出能量的物体，都会释放出电磁波。正像人们一直生活在空气中而眼睛却看不见空气一样，人们也看不见无处不在的电磁波，电磁波就是这样一位人类素未谋面的"朋友"。实际上，电磁波是电磁场的一种运动形态。电和磁是一体两面，变化的电场会产生磁，变化的磁场会产生电，由此变化的电场和变化的磁场构成了一个不可分离的统一的场，这就是电磁场，而变化的电磁场在空间的传播就形成了电磁波。电磁的变动如同微风轻拂水面产生水波一般，因此被称为电磁波，也常称为电波。

电磁波的发现需要追溯到两百多年前的 1820 年，那一年丹麦物理学家汉斯·克里斯蒂安·奥斯特（Hans Christian Oersted，1777—1851 年）发现，当金属导线中有电流通过时，放在它附近的磁针会发生偏转。而后学徒出身的英国物理学家迈克尔·法拉第（Michael Faraday，1791—1867 年）指出，奥斯特的实验证明了"电能生磁"，此外他还通过实验发现了导线在磁场中运动时产生电流的现象，即"电磁感应"现象。

著名的英国物理学家詹姆斯·克拉克·麦克斯韦（James Clerk Maxwell，1831—1879 年）进一步用数学公式表达了法拉第等人的研究成果，并把电磁感应理论推广到了空间。他认为，在变化的磁场周围会产生变化的电场，在变化的电场周围也会产生变化的磁场，如此一层层的，像水波一样推开去，便可把交替的电磁场传得很远。1864 年，麦克斯韦发表了电磁场理论，成为人类历史上预言电磁波存在的第一人。

而最终通过实验证实电磁波真实存在的是德国物理学家亨利希·鲁道夫·赫兹（Heinrich Rudolf Hertz，1857—1894 年，也翻译为海因里斯·赫兹）。依照麦克斯韦的电磁场理论，电扰动能辐射电磁波，于是赫兹设计了一个电磁波发生器和一个接收器，如果有电磁波，接收器的小线圈上就会产生感应电压，从而使电火花隙之间产生火花。由于火花极其微小，所以赫兹在暗室中进行了实验，并在实验中切实看到了微弱火花的产生！1887 年 11 月 5 日，赫兹总结了自己的重要发现，发表了名为《论在绝缘体中电过程引起的感应现象》的论文。这一论文轰动了整个物理学界，成了近代科学技术史上的一座里程碑。为了纪念这位杰出的科学家，电磁波的频率单位被命名为"赫兹（Hz）"。

电磁波的特征可以用频率、波长、波速三个物理参数来表征，其中频率（f）表示电磁波 1 秒内振荡的次数，单位即赫兹（Hz）；波长（λ）表示电磁波每振荡一次向前传播的距离，单位为米（m）或更小的长度单位；波速（c）表示电磁波每 1 秒向前传播的距离，单位为米 / 秒（m/s），三者之间的关系是 $c=\lambda f$，即波速 = 波长 × 频率。

赫兹的发现具有划时代的意义，他不但证明了麦克斯韦电磁波理论的正确性，更重要的是开辟了无线技术的新纪元。电磁波有很多用途，在通信领域中，电磁波作为信息传输的载体，成为当今人类社会发布和获取信息的主要手段。电磁波的发现直接导致了无线电的诞生，从通信角度来说，标志着从"有线电通信"向"无线电通信"的转折点，也是整个移动通信的发源点。

无线电报的发明

如前所述，奥斯特发现了电流的磁效应，法拉第经过反复实验发现了电磁感应现象，麦克斯韦通过数学推算预测了电磁波的存在，最终赫兹通过实验证实了电磁波的存在，多位物理学家的共同贡献，使电磁波理论由此正式成型，之后，就开启了无线电通信的新时代。

1889 年，也就是赫兹验证电磁波存在之后的第三年，赫兹和自己的朋友德国工程师胡布尔讨论过如何利用电磁波传递信息。但很可惜的是，1894 年，年仅 36 岁的赫兹就因病去世了。后来，又有多位发明家做出了不同类型的无线电装置，他们中最著名的是伽利尔摩·马可尼（Guglielmo Marconi，1874—1937 年）和亚历山大·波波夫（Alexander Popov，1859—1906 年）。

伽利尔摩·马可尼是意大利无线电工程师、企业家，也是实用无线电通信的创始人。1896 年 6 月 2 日，马可尼申请到了自己的无线电专利，当时命名为"发射电脉冲和信号及其设备的改进"，专利号码为 12039/96。1897 年，马可尼在伦敦成立了"无线电报及电信有限公司"，后来改名为"马可尼无线电报有限公司"。1898 年 7 月，英国举行了一次游艇赛，他在赛程的终点用自己发明的无线电报机向岸上的观众及时通报了比赛的结果，引起了很大的轰动，此后马可尼的无线电报装置正式投入商业使用，很快就被应用于远洋航海业。

俄国物理学家和电气工程师亚历山大·波波夫最初是俄国一位从事电灯推广的青年，当赫兹发现电磁波的消息传到俄国后，波波夫兴奋地说："用我一生的精力去装电灯，对广阔的俄国来说，只不过照亮了很小一角，要是我能指挥电磁波，就可飞越整个世界！"1894 年，波波夫改进了无线电接收机并为之增加了天线，使其灵敏度大大提高。1896 年，波波夫成功地用无线电发送了电报，距离为 250 米，电文内容为"海因里斯·赫兹"，以示对赫兹的尊重，这份极短的电报成为世界上第一份准确的文字无线电报。

无线电报是利用电磁波作为载体，通过编码和相应的电处理技术实现人类远距离传输与交换信息的一种通信方式。无线电报可以传递文字和图片，一般将传送图片的技术称为传真。具体来说，无线电报的基本原理是：将要传递的信息进行编码，通过发报机产生一个个或长或短的无线电信号（电磁波），电磁波传播到接收端之后，被接收机探测到并进行翻译，恢复为初始报文信息。最初的无线电信号都是以莫尔斯电码的形式进行编码的，波波夫传送的世界上第一条无线电报就是用莫尔斯电码进行的编码，这种方式编码简单，易于传输，因此得到了广泛的应用。

无线电报的发明和应用大大加快了信息的流通，而且不受物理环境的限制，是工业社会的一项重要发明。早期的无线电报只能在陆地上传递信息，后来随着支持距离的增长，开展了越洋服务。到了 20 世纪初，无线电报业务基本上已能抵达地球上的大部分地区。无线电报的出现让世界变得不再遥远，实现了人类"天涯若比邻"的美好愿望。

无线电广播的发明

在马可尼和波波夫钻研无线电报的同时，世界各地的科学家们也在进行着无线电广播的研究和实验。

1900 年 11 月，美国匹兹堡大学的费森登（Fessenden R.A，1866—1932 年）教授曾进行过一次演说广播，但声音极不清楚，未被重视。

1902 年美国人内桑·史特波斐德在肯塔基州穆雷市所做的一次试验性广播被认为是世界上第一次成功的无线电广播。据说史特波斐德只读过小学，但他如饥似渴地自学电气方面的知识，1886 年，他从杂志上看到德国人赫兹关于电磁波的谈话后，从中得到了启发，试图将该技术应用到无线电广播上。经过不断的研制，终于获得成功。他在附近的村庄里放置了 5 台接收机，又在穆雷广场放上话筒，一切准备工作就绪后，他却紧张得不知播送些什么才好，于是把儿子巴纳特叫来，让他在话筒前说话，吹奏口琴，试验成功了，结果，他的儿子巴纳特·史特波斐德因此成为世界上第一个无线电广播员。

1906 年 12 月 24 日，匹兹堡大学的费森登教授在马萨诸塞州的布兰特罗克镇的国家电器公司 128 米高的无线电塔上又进行了一次广播实验，这次广播的节目包括朗读《圣经》中的故事，以及小提琴演奏等。在广播实验前，他在报纸上做了预告，并发出无线电报，通告报界和太平洋上的来往船只。那天晚上，太平洋船只上的无线电发报员听到了小提琴演奏和一位男子朗读《圣经》中故事的声音。这次实验同时创造了两个纪录：第一次正式的无线电广播和第一次记录下广播的内容。这次成功的广播实验被公认为是无线电广播诞生的标志。

到 1920 年 11 月 2 日，世界上第一个无线电广播电台——美国匹兹堡 KDKA 电台正式开播。1922 年，美国人奥斯邦从美国将一套无线电广播发送设备运到了我国上海，创办了中国无线电公司，并与英文报《大陆报》（China Press）合办了"大陆报—中国无线电公司广播电台"，这是我国的第一个无线电广播电台，史称"奥斯邦电台"。

无线电广播的原理是在发射端首先通过声电转换把声音通过话筒转换为音频电信号，并经音频放大器放大，然后被高频载波信号调制，即让高频载波信号的某一参量随着音频信号进行相应的变化（若为幅度参量变化则称为调幅，若为频率参量变化则称为调频），已调制的高频载波信号再经放大后送入发射天线，转换成无线电波发射出去。无线电广播的接收端是收音机，收音机的接收天线收到空中无线电波后，由调谐电路选中相应频率的信号，并由检波器将高频信号还原成音频信号，此过程被称为解调，解调后得到的音频信号再经过放大后通过电声转换还原出广播内容。

无线电广播是人类创造的又一奇迹，它用无影无踪的电磁波传送清晰的语音和优美的音乐，它让国事、天下事瞬间举国皆知，传遍世界。

无线电广播这一先进传播手段的使用，使几千年来的信息传递方式又发生了一次伟大变革。

寻呼机的诞生

个人通信的开端应该说是从寻呼机开始的。

寻呼机也叫传呼机，因为它发出的声音是"哔、哔、哔"的，因此也被叫作 BP 机、BB 机等。顾名思义，寻呼机用来接收无线寻呼系统发来的寻呼信息，可以是寻人信息，也可以是股市行情、天气预报等广播短消息。

无线寻呼系统是一种单向广播式无线电系统，它主要包括寻呼中心、基站和寻呼接收机（即寻呼机）。当一个用户需要寻找某个寻呼机用户时，他可利用普通电话拨打寻呼中心告知所要寻找的寻呼号码和信息内容，寻呼中心将其进行编码后通过基站发射机发送出去。若被叫用户在基站范围内，则寻呼机可收到该条无线寻呼信号并发出"哔、哔、哔"的声音，同时显示相应信息。根据寻呼范围的不同，无线寻呼系统的组网方式可以分为本地寻呼网、区域寻呼网，以及全国寻呼网等，相应的寻呼覆盖范围可以是本地、区域以及全国。

世界上第一台寻呼机是 1948 年由美国贝尔实验室（就是以电话发明者贝尔命名的实验室）研制出的，取名为 Bell Boy。而第一个无线电寻呼机是 1956 年由美国摩托罗拉公司研制的，到 20 世纪 70 年代后，随着新技术的发展，寻呼机进入了大规模的应用阶段。

我国寻呼机的发展起步较晚，1983 年才开始研究寻呼系统，同年 9 月 16 日，上海开通了我国第一个模拟寻呼系统，寻呼机从此进入了中国；1984 年 5 月 1 日，广州开通了我国第一个数字寻呼系统；1991 年 11 月

15 日，上海开通了汉字寻呼系统。汉显寻呼机的出现，深受我国用户的欢迎，寻呼机很快成为风靡全国的通信设备，"有事呼我"成为人们的社交口头禅。

进入 21 世纪后，随着通信技术的不断进步和手机功能的不断完善，手机在功能上已经完全取代了寻呼机，并且更快捷和便利，寻呼机逐渐退出了历史舞台，手机成了市场的宠儿。但可随身携带的寻呼机的出现，依然是移动通信史中的一个重要的变革性事件，它可以随时接受无线寻呼系统发来的信息，不受时间和地点的约束，可以说从寻呼机开始的即时通信，将人们带入了没有时空距离的时代，时时处处可以被找到，大大提高了人们的生活和工作效率，这一方式开启了个人移动通信的新方式。

移动电话的诞生与发展

电话的发明让人类充分享受到了现代信息社会的便利，但人类对于便捷的追求是无止境的，开始希望能有一种可随身携带、随时随地交流的电话——移动电话。

移动电话的概念早在 20 世纪 40 年代就出现了，也是由美国的贝尔实验室提出的。1946 年，贝尔实验室研制出了第一部移动电话。但是，由于体积太大，研究人员只能把它放在实验室的架子上，并慢慢被人们遗忘了。

一直到二十多年后的 1973 年，美国摩托罗拉公司研制出了世界上第一部蜂窝移动通信电话，发明者是摩托罗拉工程师马丁·库帕。该手机质量约 930 克，长、宽和厚度分别是 10 英寸（1 英寸 =2.54 厘米）、1.5 英寸和 3 英寸，像一瓶大号可乐，用今天的标准来看实在是太笨拙了，但在当时是一项革命性的科技成果。1973 年 4 月 3 日，马丁·库帕在纽约曼哈顿街头的希尔顿饭店附近打出了世界上第一通移动电话。1975 年，美国联邦通信委员会（FCC）开放了移动电话市场，确定了陆地移动电话通信的频谱，为移动电话投入商用做好了准备。

从此移动电话正式进入我们的生活，成为我们随时可握在手中的"手机"。随着时代的发展和科技的进步，大规模集成电路、微型计算机、微处理器和数字信号处理等技术的突破和大量应用，移动电话发生了一代又一代的革新。

第一代手机只能拨打电话，这是最基本的功能机。

第二代手机可以支持短信业务。1992 年 12 月，一台 GSM 手机发出了世界上第一条手机短信，标志着短信业务的诞生。这个时候手机除了可以打电话，还可以通过互发文字消息的形式实现用户之间的即时沟通，扩展了沟通渠道。

第三代手机可以支持多媒体业务，短信只是数据业务的一种基本形式，数据业务还包括图像、视频等多种形式。1999 年，诺基亚公司推出了型号为 7110 的手机，这是世界上第一款支持无线上网协议（WAP）的手机，标志着手机上网时代的开始。2000 年，三星公司推出了第一款内置 MP3 播放功能的手机，夏普公司推出了首部可以支持拍照的手机（像素仅有 11 万）等。逐渐地，手机里集成了越来越多的多媒体功能，形成了多媒体手机，此时手机已经从最初的功能机逐步向智能机发展。

第四代手机为智能手机，2000 年摩托罗拉生产了一款名为天拓 A6188 的手机，它采用了摩托罗拉公司自主研发的龙珠 CPU，这是第一款在手机上运用的处理器，为以后的智能手机处理器奠定了基础，有着里程碑的意义，从此可以说进入了智能手机时代。智能手机（Smart Phone）简单来说就像个人电脑一样，具有开放独立的操作系统，除了具备基本通话功能外，还可以由用户自行安装软件、游戏等第三方服务商提供的程序，并可以通过移动通信网实现互联网接入。随着科技的发展，手机的智能化程度越来越高，支持的功能越来越丰富，操作系统也逐步趋向于统一化，现在两大主流的智能手机系统——苹果 IOS 和安卓系统——在智能手机市场平分秋色。

除支持的业务外，手机的各个方面也都在迭代变化中，体积上从笨拙的"大哥大"到可以轻松握在手中的电话，"手机"名称实至名归；技术上从模拟电话到数字电话；制式上从 GSM 到 CDMA 到 LTE 再到 5G；模式上从单模到双模再到多模……可以说，移动电话的发展，是移动通信技术发展的一个缩影。未来移动电话的发展，相信一定会给我们带来更多的惊喜。

蜂窝移动通信系统

移动电话只是一个终端，为了实现终端间的通信，后台需要一套移动通信系统来支持。移动通信系统由基站系统和核心网系统组成，基站通过空中接口与其覆盖范围内的移动电话进行信息交互，并在核心网的支持下完成通信任务。

由于一个基站的覆盖范围是有限的，需要通过多个基站的组合来实现大面积的无缝覆盖，那么怎么设计基站的覆盖范围可以最大限度地扩大覆盖面积，同时减少覆盖重叠呢？研究人员在理论上将每个基站的覆盖范围设计为正六边形，如图 1-3 所示，多个基站排列在一起，其六边形覆盖范围组合起来很像"蜂窝"，因此该移动通信系统被称为蜂窝移动通信系统。其中的每个"蜂窝"被称为一个"小区"（cell），因此我们的移动电话又叫"cell phone"。

图 1-3　蜂窝移动通信覆盖范围示意图

世界上第一个使用模拟技术的蜂窝移动通信系统是 1979 年由日本电话电报公司（NTT）开通的。也是在 1979 年，一种叫作高级移动电话系统（AMPS）的模拟蜂窝移动通信系统在美国芝加哥试验成功，并于 1983 年 12 月在美国投入商用。1987 年，我国第一个模拟蜂窝移动电话基站在广州建成。

从最初的第 1 代移动通信系统到现在的第 5 代移动通信系统，系统的组成、组网方式、硬件、软件等都在发生着深刻的变化，但蜂窝移动通信的基本概念一直未变，只是随着技术的更新换代，蜂窝技术也在发生着变化，目前主要的蜂窝技术包括宏蜂窝、微蜂窝和智能蜂窝等。

①宏蜂窝：顾名思义，宏蜂窝覆盖范围大，其覆盖半径大多为 1—25 千米，因此基站天线尽可能做得很高。因为在网络运营初期，运营商的主要目标是提供尽可能广的基础覆盖，因此会建设宏蜂窝小区，以便取得尽可能大的覆盖率。宏蜂窝在满足广域基本覆盖后，通常存在着两类覆盖问题，一类是覆盖盲点，即电波在传播过程中遇到障碍物而造成阴影区域内的通信质量严重低劣；另一类是热点区域覆盖不足，由于业

务负荷的不均匀分布，形成热点区域业务繁忙导致无线资源不足从而影响通信质量。这时候就需要微蜂窝技术来实现覆盖增强。

②微蜂窝：与宏蜂窝相比，微蜂窝具有覆盖范围小、传输功率低、安装方便灵活等特性，微蜂窝小区的覆盖半径一般为30—300米，基站天线可低于屋顶高度。微蜂窝作为宏蜂窝的有效补充和延伸，主要应用于盲点覆盖以提高覆盖率、热点区域覆盖增强以提高话务量。微蜂窝还可以继续缩小为微微蜂窝以及家庭蜂窝等，覆盖半径在百米以内，甚至一个家庭以内。

③智能蜂窝：智能蜂窝系统是指具有自适应天线的系统。自适应天线具有阵列信号处理能力，因此该系统可以智能监测移动电话所在位置和信号质量，并根据位置和信号质量通过自适应天线进行覆盖范围的适时调整，从而保证将确定的信号功率传递给移动电话所在的蜂窝小区。从宏蜂窝和微蜂窝演进到智能蜂窝，将静态的通信组网方式变为动态自适应的组网方式，可以显著地提升系统容量，起到改善系统性能的效果。

蜂窝移动通信已成为世界通信范围内的一项非凡之作，直到现在，蜂窝移动通信技术还在继续广泛应用和发展中，让我们共同期待蜂窝移动通信在未来世界继续大放异彩。

铱星系统

蜂窝移动通信基本上已经可以保障个人的日常通信需求，但是在一些特殊环境（比如沙漠、海洋、高原、南北极等）中，因环境限制而无法架设基站，手机接收不到信号，此时蜂窝移动通信就没有用武之地了，而在这些环境中，卫星通信系统的优势就体现出来了。卫星通信系统以卫星作为通信中继，具有覆盖面广、频带宽、容量大、误码率低等优点，并且不受环境和距离的限制，适用于远距离通信和跨洋通信。

其中，一个著名的卫星通信系统是摩托罗拉公司设计开发的"铱星系统"，又叫"铱星计划"。铱星系统由卫星网络、地面网络和移动终端三部分组成。其中卫星网络在最初设计时原定发射 77 颗低轨道卫星，因为化学元素"铱"的原子核外有 77 个电子绕核运转，而该卫星系统也由 77 颗卫星在轨道上绕地球运行，故取名为铱星系统。后来虽然对原设计进行了调整，卫星数目从 77 颗改为 66 颗，但仍然沿用了之前的名字。这 66 颗卫星组成 6 个轨道平面，在 780 千米的高空以每小时 27000 千米的速度绕地球旋转，每 100 分钟绕地球一圈。铱星系统可以覆盖全球任何一个地方，因此可以在任何蜂窝移动电话无法通信的地方提供通信服务，不需要铺设电缆，具备强大的漫游功能，可提供全球任何地点、任何时间的通信。

这是一个非常宏伟而超前的计划，其最大的技术特点是通过卫星与卫星之间的传输来实现全球通信，相当于把地面通信系统搬到了空中，实现了全球的无缝通信，其星间链路技术、星上处理技术，以及卫星网与地面蜂窝网络之间的跨协议漫游技术等是通信技术上的重要突破。

铱星系统开创了全球个人卫星通信的新时代，使人类在地球上任何"能见到的地方"都可以进行通信，实现了任何人（whoever）在任何地点（wherever）、任何时间（whenever）与任何人（whomever）采取任何方式（whatever）进行通信，被认为是现代通信的一个里程碑。

1996 年铱星系统第一颗卫星上天，1998 年系统投入商业运营，美国当时的副总统戈尔第一个使用铱星系统进行了通话。可以说铱星计划初期的设计、运营和实施都是非常成功的，因此也被美国《大众科学》杂志评为了 1998 年度全球最佳产品之一。但是从商业投资的角度来讲，它又是失败的。这个项目投资高达五六十亿美元，每年仅维护费就需数亿美元，而由于销售力量不足，终端价格昂贵，个人用户的需求并不是很迫切，因此铱星系统的用户量很少。严重的入不敷出导致公司资金迅速枯竭，财务陷入困境，不得不在 1999 年 8 月向法院申请破产保护。在 2000 年 3 月 17 日，铱星公司正式宣布破产，耗资 57 亿美元的铱星系统最终走向失败。曾经的星光灿烂化作了一道美丽的流星，引来一声叹息。

铱星计划是通信史上的一颗流星，开启了个人卫星通信的新时代。虽然它陨落了，但是作为第二代铱星计划的接力者——美国太空探索技术公司（SpaceX）的星链计划（Starlink）重新进入了人们的视野，它会交上怎样的答卷呢？让我们拭目以待。

第 2 节　移动通信技术的发展

上文回顾了移动通信发展史上的一些重要变革性事件，如果我们把这些事件看成一颗一颗的珍珠，那么移动通信的发展历程则是将这些珍珠串了起来。移动通信系统是以代际进行演变的，每一代的移动通信系统都有各自的技术特征，下面让我们系统了解一下移动通信的代际发展历程。

.ııl 一、从 1G 时代到 5G 时代

20 世纪中叶，随着计算机技术、卫星技术、光纤技术等的发明和推广应用，使信息和通信技术进入了高速化、网络化、数字化和综合化时代。由于技术和经济的高速发展带来社会信息量迅猛增加，对通信的带宽要求，以及时效性和灵活性的要求也越来越高。20 世纪 70 年代，出现

了第一代支持语音通话的移动通信系统 1G，从此移动通信平均每十年更新一代，逐步演进至当前的第五代移动通信系统 5G。

1G 时代

1978 年美国贝尔实验室成功研制出了第一代蜂窝移动电话系统——先进的移动电话系统（AMPS），它标志着第一代移动通信系统（1G）正式登上历史舞台。20 世纪 70 年代到 80 年代，世界各国纷纷建立起了自己的第一代移动通信系统。

1G 时代的标志性终端是"大哥大"，大块头的摩托罗拉 8000X 是很多人心目中的"大哥大"。其实，移动通信的最早应用场景是军事领域，早在 1940 年就有了战地移动通信电话。1941 年，摩托罗拉公司为美国军方研发出了一款跨时代的步话机——SCR-300，该产品质量 16 千克，需要专门的通信兵背负，但可以说它是第一种真正意义上的移动通信终端。40 多年后，到 20 世纪 80 年代才出现了适合民用的"大哥大"，移动通信从此进入了 1G 时代。

1G 时代的标志性技术是模拟蜂窝技术和频分多址（FDMA）技术，标志性业务是语音业务，不能提供数据业务和漫游服务。由于模拟技术和 FDMA 技术本身的限制，使 1G 移动通信系统的容量十分有限，且语音通话质量不高，常出现干扰、串号、盗号、掉话等现象。此外由于"大哥大"价格昂贵，1G 移动通信系统在我国的应用并不普遍，我国的 1G 通信系统于 1999 年正式关闭。

2G 时代

20 世纪 90 年代，以数字蜂窝技术和时分多址（TDMA）技术为主体的全球移动通信系统（global system for mobile communications，GSM）研制成功，标志着第二代移动通信系统（2G）的登台。1992 年 GSM 系统引入国内，5 月我国在嘉兴开通了第一个 GSM 全数字蜂窝移动通信系统，1993 年 9 月 18 日，嘉兴 GSM 数字移动电话通信网正式向公众开放使用。

与 1G 相比，2G 具有通话质量高、频谱利用率高和系统容量大等优点。除了通话质量变好、移动通信终端变小（可以称为手机了），2G 时代的一个重要突破是手机可以上网了，即 2G 除语音业务外，还可以提供数据通信服务。第一款支持无线应用协议（wireless application protocol，WAP）的手机是诺基亚 7110，WAP 协议是一种通过移动手机上互联网的应用协议标准，支持 WAP 的手机出现，标志着手机上网时代的开始。随后短信、手机 QQ 等应用走进人们的生活，逐渐改变了人们的通信方式。2G 时代的标志性终端是诺基亚手机，可以说 2G 时代是诺基亚的时代，诺基亚公司逐渐成为全球最大的移动电话供应商。

2G 时代除了 GSM 技术体制外，还有一种以窄带码分多址（CDMA）为代表的技术体制，也称为 CdmaOne、IS-95 等。CDMA 技术具有覆盖好、容量大、语音质量好和辐射小等优点，但由于窄带 CDMA 技术成熟较晚、标准化程度较低，其在全球的市场规模不如 GSM，影响力也不大。

由于 2G 有不同的制式，不同制式之间无法漫游，且 2G 对定时和同步精度的要求高，系统带宽有限，无法承载较高数据速率的移动多媒体业务，应用有限。

3G 时代

为了支持和实现较高速率的移动宽带多媒体业务，以码分多址（CDMA）技术为核心的第三代移动通信系统（3G）应运而生。随着 2009

年 1 月工业和信息化部为中国移动、中国联通和中国电信三家运营商发放了 3G 牌照，中国由此进入了 3G 时代。

相比于前两代移动通信系统，基于 CDMA 技术的第三代移动通信系统具有更大的系统容量、更好的通话质量和保密性，并且能够支持较高数据速率的多媒体业务。3G 时代的代表性技术有 WCDMA、CDMA2000 和 TD-SCDMA，其中 TD-SCDMA 是以我国知识产权为主的 3G 无线通信国际标准之一，标志着我国的移动通信技术开始进入突破阶段。我国三大运营商分别获得了针对不同技术的 3G 牌照：中国移动获得 TD-SCDMA 牌照，中国电信获得 CDMA2000 牌照，中国联通获得 WCDMA 牌照。

3G 时代出现了智能手机，即手机具有独立的操作系统和运行空间，用户可以自行安装软件和游戏等应用。其中最著名的是苹果手机 iPhone。随着智能手机的出现，新的多媒体时代到来，用户通过手机可以听音乐、打游戏，还可以在线观看流畅视频等，移动通信有了更多样化的应用，平板电脑也在这个时候出现了。

然而，3G 系统仍是标准不一的区域性通信系统，三大标准所支持的核心网功能不统一，不能真正实现不同频段的不同业务之间的无缝漫游。此外，受通信系统带宽限制，3G 时代仍无法满足超高清视频等多媒体通信的更高速率要求，对这些局限性的完善推动着移动通信向着 4G 发展。

4G 时代

为了追求更大的系统容量和更高质量的多媒体业务，基于正交频分复用（OFDM）技术和空分多址（SDMA）技术的第四代移动通信系统（4G）应需而来。在移动通信领域，将 4G 称为长期演进技术（long term evolution，LTE）。2013 年 12 月，工业和信息化部正式向我国三大运营商下发了 4G 牌照，标志着我国进入了 4G 时代。

与 3G 通信系统相比，4G 通信系统数据传输速率更快，并且能够更好地对抗无线传输环境中的多径效应，系统容量和频谱效率得到大幅提升。随着硬件工艺的提升和成本的下降，4G 时代的移动终端能力不断增强，数量也持续增加，4G 移动终端的智能化程度更高。同时，更多和更丰富的 4G 应用逐渐开发出来，包括高清图像业务、电视会议业务、虚拟现实业务和即时通信业务等，4G 时代已经将个人通信、广播、娱乐、游戏等行业结合起来，能为用户提供更便捷、安全、广泛的服务，可以说 4G 开启了移动互联网的新时代。

然而，随着经济社会及物联网技术的迅速发展，云计算、智慧城市、车联网、工业制造、智能电网等新型网络和业务形态不断产生，对通信技术提出了更高层次、更个性化的需求。而 4G 网络虽然带宽较高，但是在连接能力、业务时延保障和超高带宽等性能上仍然难以满足新的发展需要。面对这些需求，5G 应运而生。

5G 时代

在移动通信领域，5G 的官方名称为 IMT-2020，这是在 2015 年由国际电信联盟（ITU）给出的名称，IMT 表示国际移动通信（international mobile telecommunications），IMI-2020 中的 "2020" 表示 5G 在 2020 年进入商用。实际上，我国在 2019 年就发放了 5G 牌照，开始了 5G 的正式商用，标志着我国 5G 技术和 5G 建设走在了世界的前列。

与之前的 1G、2G、3G、4G 不同，5G 并不是一种单一的无线接入技术，而是多种新型无线接入技术和 4G 后向演进技术集成后的解决方案总称。从某种程度上讲，5G 是一个融合网络，通过融合宏蜂窝、微

蜂窝、微微蜂窝等超密集异构组网技术，以及毫米波、大规模多入多出（MIMO）、终端对终端通信（D2D）、网络切片等传输技术，全面提升了网络性能。5G 具备速度更快、通信灵活、智能性高、通信质量好、费用便宜的特点，用户可以随时随地接入无线网络、随时随地畅玩网络游戏，能更流畅地进行视频通话，观看赛事直播，进行虚拟现实（VR）交互等，用户体验得到了极大提升。

此外，与 4G 更大的区别在于 5G 网络开始具备渗透垂直行业的能力，通过支持不同的应用场景，如增强型移动宽带（eMBB）场景、大规模物联网（mMTC）以及场景低时延高可靠通信（URLLC）场景等，5G 在服务智慧城市、智慧家居、智能制造、车联网、移动医疗和工业互联网等垂直行业一展身手。

随着移动通信网络规模的不断扩大和复杂化，以及各类垂直行业应用的特性化和高要求，网络动态性和智能化问题变得非常具有挑战性。目前的 5G 还存在着局限性，如网络架构难以同时满足增强型移动宽带、大规模物联网场景和低时延高可靠三大场景的需求，且资源的调度过程仍然缺乏足够的弹性，难以满足资源随需即用的要求等，移动通信的发展动力依然强劲。

ᴨ　二、我国移动通信成绩单

我国移动通信起步较晚，1987 年才出现了第一个移动通信电话系统，而且基本上依靠国外技术，可以说在 1G 时代，我国移动通信技术处于空白阶段。经过三十多年的努力，我国移动通信实现了从 1G 空白、2G 跟随到 3G 突破、4G 同步、5G 引领的重大跨越，走出了一条从无到有、从弱到强、从边缘到主流的移动通信创新发展之路。

20 世纪 90 年代，在 2G 技术发展时期，世界形成了欧洲 GSM、美国 CDMA 两大技术阵营。1994 年，经综合权衡考虑，我国选择了 GSM 技术作为 2G 移动通信发展的技术标准，因为当时 GSM 的技术更成熟、使用更广泛。后在中国加入世贸组织的谈判中，美国为了推广其 CDMA 技术，在信息技术协议中提出了引进 CDMA 标准作为入世谈判条件之一。因此我国形成了中国移动采用 GSM 标准、中国联通采用 GSM 和 CDMA 标准（后在中国电信业重组时，中国电信从中国联通手中收购了 CDMA 网络）、中国电信采用 CDMA 标准的状态。在中国联通和中国电信的共同努力下，CDMA 生态链在我国全面建立了起来。可见，2G 时代我们仍然是被动跟随的，但从此时已经可以看到我国移动通信的巨大市场需求，我们国家也有在通信标准上取得更多话语权的深层次考虑。

20 世纪 90 年代末，第三代移动通信标准面向全世界征集。中国的同步码分多址（SCDMA）技术与西门子公司的时分（TD）部分技术联合，逐渐形成了 TD-SCDMA 技术标准，并向国际电信联盟进行提交。我国全力推进 TD-SCDMA 标准的制定工作，2000 年 5 月，国际上正式形成了欧洲的 WCDMA、美国的 CDMA2000 和中国的 TD-SCDMA 三大主流 3G 标准，中国主导的通信技术标准正式进入国际舞台。为推动 TD-SCDMA 的商用进程，我国让中国移动承担 TD-SCDMA 的建设工作，伴随通信业牌照整合，形成了三张 3G 牌照：中国联通 WCDMA、中国电信 CDMA2000、中国移动 TD-SCDMA，可以说举全国之力成就了 3G 时代的三分天下竞争格局。这一阶段是我国通信技术的自主创新阶段，我国通信技术出现了质的飞跃。

2005 年，第四代移动通信技术逐步发展，欧洲提出了频分双工 LTE（LTE FDD）标准，中国突破上下行链路的重大核心技术，提出并主导了时分双工 LTE（LTE TDD，又简写为 TD-LTE）国际标准的制定，使 TD-LTE 标准成功成为 4G 全球两大主流标准之一。在 4G 网络的运营发展中，只用了 15 个月我国 4G 手机用户率就达到了 80%。截至 2019 年 10 月底，我国 4G 用户规模达到 12.69 亿户，4G 基站数量占全球的一半以上。我国的手机产业也迅猛发展，华为、欧珀（OPPO）、维沃（vivo）、小米、中兴、联想等手机品牌稳居世界出货量前列。同时我国的移动互联网应用异军突起，淘宝、微信、抖音、微博等应用在世界范围形成巨大影响。我国极好的网络覆盖能力和提速降费政策，使移动互联网行业整体实现了快速发展，我国的 4G 技术水平实现了与国际水平的"并跑"。

2010 年以后，世界各国相继投入开展了 5G 技术研究。此时，以华为、中兴为代表的中国企业处于高速成长期，依托国内的巨大市场及全产业链生产优势，我国在 5G 技术研究和产品研发方面都逐步走在了世界的最前沿。在标准制定方面同样取得了令人瞩目的成就。2013 年 4 月，工业和信息化部、发展和改革委员会以及科学技术部联合成立了 IMT-2020（5G）标准推进组，组织国内运营商、设备提供商、终端提供商、内容提供商、科研院所及高校等各方力量，积极开展国际合作，在共同推动 5G 国际标准方面做出了重大贡献。2016 年 1 月，工业和信息化部牵头启动了中国 5G 技术试验，包括 5G 关键技术试验、5G 技术方案验证和 5G 系统验证三个阶段，为我国 5G 技术商用打下了坚实的基础。2019 年 6 月，工业和信息化部正式颁发了 5G 商用牌照，标志着我国 5G 时代的正式到来。

根据中国信息通信研究院的统计数据，截至 2021 年 12 月 31 日，在欧洲电信标准化协会（ETSI）进行 5G 专利声明的主体中，排名前十的企业分别是华为（14%）、高通（9.8%）、三星（9.1%）、中兴（8.3%）、乐金（LG，8.3%）、诺基亚（7.6%）、爱立信（7.2%）、大唐（4.9%）、欧珀（4.5%）和夏普（3.4%）。前十位中我国企业占四位，总数约占据全球总量的32%。截至2022年5月，我国已建成全球规模最大的5G网络，累计开通5G基站170万个，占全球5G基站的60%以上，5G网络用户超过4.5亿户，占全球5G用户的70%以上。

与前几代移动通信系统主要服务个人用户不同，5G的更大市场来自各垂直行业，真正融入各行各业为行业赋能成为5G发展的真正意义。而在5G网络部署上，国内三家运营商都选择了独立组网（stand alone，SA）方案，即不依赖4G网络单独建设5G网络，这种方案可以保障网络的高速、低能耗和低时延，对业务的支撑能力更强，可为智慧家庭、智能交通、工业互联网等个人、家庭和行业应用场景提供更坚实的通信能力。

在2020中国5G+工业互联网大会上，国际电信联盟时任秘书长赵厚麟表示，中国已经建成了全球商业规模最大的5G网络，中国的工业互联网建设也进入了快车道，在全球5G+工业互联网应用和创新方面，中国处于第一方阵。

三十多年的卧薪尝胆和砥砺前行，我国的移动通信核心技术加速突破，技术和产业实力显著增强。从3G开始突破，到4G并行，再到5G引领，在经历了落后与追赶的漫长数十年后，中国在这一时代开始领跑，我国通信人走出了一条自强自立的道路。

第 3 节　为什么要研究 6G

在2019年5G刚刚进入建设初期，业界就已经开始了6G的研究，很多人当时有困惑：6G的研究是否为时过早？其实移动通信领域的迭代一般以十年为一代，基本上是按照"成熟一代，建设一代，预研一代"的规律，当时 4G 已经成熟，5G 开始建设，而 6G 的研究正是启航之时。

▁▂▃ 一、5G 发展现状

那么 5G 网络还存在哪些不足需要 6G 来解决呢？为了回答这个问题，我们首先回顾一下 5G 应用技术特点以及 5G 网络在正式商用后的情况。

5G 的显著特性是提供三大应用场景，包括增强型移动宽带场景、大规模物联网场景与低时延高可靠通信场景。

增强型移动宽带是对 4G 网络的后续演进，它提供比 4G 移动宽带服务更快的数据速率，从而提供更好的高速用户体验。在增强型移动宽带场景中，5G 需要满足更高的容量、更强的连接性和更快的用户移动性三个要求。即需要在人口稠密的室内和室外区域（如中心繁华区域、办公楼聚集区域、体育场馆或会议中心等公共场所）提供高速宽带访问；且宽带访问随处可用，以保障一致的高速用户体验；同时在移动速度更高的交通工具（包括汽车、公共汽车、火车和飞机）中实现移动宽带服务。增强型移动宽带主要面向个人用户，可支持高速移动宽带服务，并可支持身临其境的虚拟现实（VR）和增强现实（AR）等应用服务。

大规模物联网场景旨在提供与大量设备的连接，满足每平方千米 100 万连接数密度指标要求，主要是传感器类设备。这类设备通常传输少量的数据，因此对带宽、时延和吞吐量并不敏感。但这类设备分布范围广、数量众多，需要保证终端的超低功耗和超低成本。大规模物联网重点解决了传统移动通信对物联网的支持不足及垂直行业应用少的问题，可具体应用于智慧城市、环境监测和智能家居等以传感和数据采集为目标的场景。

低时延高可靠通信场景则广泛应用于各种需要超低时延和超高可靠性的实时控制场景。其实，低时延高可靠通信技术本身还分为两部分，一部分是支持超低时延，即空口时延可小于 1 毫秒，端到端时延可小于 10 毫秒；另一部分是支持超高可靠性，即数据包传输可靠性要求达到 10^{-5} 甚至更低。目前，低时延高可靠通信的主要应用有智能电网控制、实时游戏、智能制造远程控制、触觉互联网、自动驾驶或辅助自动驾驶等。

从用户体验看，5G 具有更高的速率，更宽的带宽，能够满足消费者对虚拟现实、超高清视频等更高的网络体验需求。从行业应用看，5G 具有更高的可靠性，更低的时延，能够满足智能制造、自动驾驶等行业应用的特定需求。

5G 的商用进程也比较顺利。2018 年 12 月 19 日，中央经济工作会议提出了"新型基础设施建设"的概念。该概念后被列入 2019 年《政府工作报告》中。新型基础设施建设包括 5G 基站建设、特高压、城际高速铁路和城市轨道交通、新能源汽车充电桩、大数据中心、人工智能、工业互联网七大领域。作为新型基础设施建设之首，我国 5G 从 2019 年正式商用以来，到 2022 年已建成了全球规模最大、技术领先的 5G 网络基础设施，累计开通 5G 基站 170 万个，5G 网络用户超过 4.5 亿户，形成县县通 5G、村村通宽带的覆盖，在技术攻关、网络建设、产业应用等方面实现了全面领先，在带动数字经济发展、引领技术产业创新方面发挥了重要作用，取得了举世瞩目的成就。

.ıl 二、5G 面临的挑战

当前，5G 网络基本可以满足陆地通信场景中面向个人的基本通信需求和面向垂直行业的特定应用需求。但面对立体化信息建设愿景，5G 系统在覆盖、速率、频率、精度、架构、智能调度和能耗等方面尚面临一些挑战。

①覆盖方面的挑战。一方面随着未来物联设备的指数增长和扩展，进一步提高物联网的连接能力和覆盖范围已迫在眉睫；另一方面人类对海洋、沙漠、高原和极地中未知领域的探索需求，使其对网络覆盖能力提出了超高要求。而目前 5G 网络覆盖能力难以满足空天地海全方位立体化的多域和跨域覆盖需求。

②速率方面的挑战。未来将出现一些新型应用，如全息通信、全感官通信、虚拟现实与增强现实混合应用、沉浸式应用等，这些应用对数据速率的需求将高达每秒太比特（Tbps）以上，而目前 5G 的网络架构、频段和技术能够支持的数据传输速率难以提升到每秒太比特级以上。

③频率方面的挑战。由于低频段频率资源已经用于建设 2G、3G 和 4G 网络，留给 5G 网络的低频资源已经极为缺乏，严重缺乏的低频段频谱资源无法满足实际建网需求，而高频段资源尚待开发，技术尚未成熟，对 5G 网络的规划建设与进一步发展造成了严重影响。

④精度方面的挑战。未来某些应用会对端到端时延和同步精度提出更严格的要求，如全息视频的多路传输同步问题；某些应用会对定位精度提出更高要求，如智能生物穿戴设备要求达到亚厘米级的定位精度和毫秒级的定位更新速率等，这是目前 5G 在精度上尚无法满足的。

⑤架构方面的挑战。5G 网络可支持三大业务场景，但这三大业务场景的网络架构和采用的技术是不同的，目前的 5G 网络架构尚无法同时满足三大场景的需求。为满足长远发展需求，需要新的网络架构的支撑。

⑥智能调度方面的挑战。5G 采用多层次超密集组网方式，该方式在

解决连续覆盖困难和热点容量增强问题的同时，也带来了更多的资源协调问题，如系统间协作、系统间干扰协调和用户移动性管理等。同时，用户差异化服务质量要求、垂直行业特殊应用需求等对网络资源动态智能调度提出了要求，目前外挂式的智能，预设式的网络配置和优化方式不再适用于未来的无线网络。

⑦能耗方面的挑战。由于采用了虚拟化等新技术，5G 基站的能耗较高，同时 5G 规模化应用带来的网络流量持续增长也意味着网络能耗的大幅提升。降低能耗不是一个简单的技术问题，而是一个系统工程，涉及网络架构、设备、技术和材料等诸多方面的创新，需要设计低碳节能的新体系和新范式。

上述挑战导致现有 5G 网络在信息广度、速度、精度及深度上难以满足未来"业务随心所想，网络随需而变"的需求，在这种需求下对 6G 的研究势在必行。

与 5G 网络相比，未来 6G 网络有望提供空天地海全时全域覆盖、提供高达每秒太比特级的传输速率、提供 10 倍以上的更低时延和 100 倍以上的连接数密度、提供更高的谱效和能效、提供亚厘米级的定位精度和亚毫秒级的时间同步、提供全生命周期的智能运营管理等。

移动通信研究方兴未艾，值得期待。

第 2 章
6G 愿景

第 1 节　人工智能与 6G

未来 6G 网络将迎来新的应用场景和新的性能需求。从广度上，6G 时代将构建空天地海一体化的信息通信系统，实现全覆盖、全场景、立体化的网络覆盖能力；从速度上，为支持全息通信、全感官通信、触觉互联网等未来新应用，将实现每秒太比特级的数据速率；从深度上，多样化的应用和通信场景、超异构的网络连接和极致性能的服务需求，都对网络智能化提出了更高的要求。

随着人工智能（artificial intelligence，AI）技术的快速发展，用户对网络的智能需求将被进一步挖掘和实现，人们期待着 6G 网络比前几代网络在网络运行、运营管理和业务保障方面具有更高的智能性。

一、网络智能化发展之路

人工智能的发展历程

在分析网络智能化之前，我们首先简单回顾一下人工智能的发展历程。1956 年夏，美国科学家约翰·麦卡锡（John McCarthy，1927—2011）

和马文·李·明斯基（Marvin Lee Minsky，1927—2016）等在达特茅斯学院召开了一个研讨会，主题是"如何用机器模拟人的智能"。在这次会议上，约翰·麦卡锡首次提出了"人工智能"的概念，这次研讨会的召开标志着人工智能学科的诞生，约翰·麦卡锡也由此被称为"人工智能之父"。但是人工智能的发展并不是一帆风顺的，它经历了几起几落。

第一次发展：从1956年提出人工智能概念后，到20世纪60年代，科学家们相继取得了一批令人瞩目的研究成果，如机器定理证明、跳棋程序等，这是人工智能发展的第一次高潮。

第一次低谷：由于人工智能初期的突破性发展大大提升了人们对人工智能的期望，因此从20世纪60年代到70年代初，人们开始尝试更具挑战性的任务，并提出了一些在当时来说不切实际的研发目标如机器翻译等，然而任务接连失败，预期目标落空，使人工智能的发展第一次进入了低谷。

第二次发展：20世纪70年代后期，专家系统开始出现，它利用人类专业的知识来解决特定领域的问题，实现了人工智能从理论研究走向实际应用、从一般推理策略探讨转向知识应用的重大突破。从20世纪70年代到80年代末，专家系统在医疗、化学、地质等领域取得成功，这是人工智能应用发展的第二次高潮。

第二次低谷：随着人工智能应用规模的不断扩大，专家系统存在的问题开始凸显，如应用领域狭窄、常识知识缺乏、知识获取困难、推理方法单一、缺乏分布式功能、难以与现有数据库兼容等。这些问题在当时很难得到有效解决，到20世纪90年代中后期，人工智能再次进入低谷。

第三次发展：在20世纪八九十年代人工智能发展的低谷期，科学家们并没有沉寂，他们继续钻研。在这一时期，沉寂多年的神经网络有了新的研究进展，如 1995 年聊天机器人"爱丽丝"（Alice）的问世、1997 年一种用于手写和语音识别的递归神经网络（RNN）架构被开发出来等。1997 年由国际商业机器公司（IBM）开发的国际象棋电脑"深蓝"（Deep Blue）在国际象棋比赛中战胜了国际象棋棋手卡斯帕罗夫，这一事件标志着人工智能再次进入了发展期。进入 21 世纪后，由于网络技术特别是互联网技术的发展，更加速了人工智能的创新研究，促使人工智能技术进一步走向实用化。2016 年 3 月，美国谷歌公司 DeepMind 团队开发了人工智能围棋程序 AlphaGo（俗称阿尔法狗），并战胜了世界围棋棋手柯洁，这一事件进一步引发了新一轮的人工智能热潮。

继续蓬勃发展： 2016 年至今，随着大数据、云计算、互联网、物联网等信息技术，以及图形处理器等计算平台的快速发展，推动了以深度神经网络为代表的人工智能技术的飞速发展，并在图像识别、语音识别、知识问答、人机对弈、无人驾驶等领域实现了技术和应用的突破，人工智能迎来爆发式增长的新高潮。

移动网络的智能化需求

我们纵观从 1G 时代到 5G 时代的移动通信发展历程，会发现满足用户的通信需求是每代系统演进的首要目标，而通信技术则是每代系统演进的驱动力。在通信需求和通信技术的双重驱动下，移动通信实现了从模拟到数字、从频分到时分再到码分、从电路交换到分组交换、从核心网 IP 化到全 IP 化、从语音通信到多媒体通信、从封闭的通信生态系统到赋能垂直行业的开放生态系统等的变迁。每一代移动通信系统都有自身的特点，也都深刻体现了当时的用户需求和技术特征。

早期阶段的智能化需求

在移动通信发展的早期阶段，尤其是在 1G 和 2G 发展阶段，移动通信网络的变革还主要集中在通信技术自身的更新换代上，对智能化并没有提出明确的需求。

3G 时代的智能化需求

3G 时代，开始出现智能手机和数据类应用，相应地出现了应用商店这一新型的业务生态，移动互联应用的发展将大数据、云计算等概念带入了移动通信领域，也引入了智能化的理念。同时，在移动智能终端和移动多媒体应用大量涌现的背景下，用户对网络容量和质量提出了新的需求，用户在使用手机过程中对网络出现卡顿、掉线等现象不满，对网络智能化提出了朴素的需求，即希望通过智能化手段有效地缓解网络拥堵，解决网络问题，提升网络使用效率等，此时业界一般使用启发式智能算法来实现对网络的规划和优化。

4G 时代的智能化需求

到 4G 时代，基本实现了网络的全 IP 化，从业务上可以支持多媒体业务，并开始尝试为垂直行业提供行业解决方案后，业界进一步明确提出了移动通信网络自动化与智能化的需求与发展理念。在这一阶段出现了自组织网络（self-organizing networks，SON）的概念。

随着网络规模的扩大，无线接入网的发展呈现出了大规模、复杂、开放、异构和动态的特点，用户对无线接入网服务质量的要求也越来越高，要求网络能够动态地适应这些变化以保证向用户提供优质的服务。为了达到该要求，人工对网络进行配置、优化、修复和重配置等往往会带来高额的运维成本，且时间上有较大的延迟。为减少因人工操作带来的运维成本，并提高网络优化效率和运行质量，SON 的概念被引入无线接入网中。

SON 是将某些网络配置、网络优化和网络故障恢复过程进行自动化处理，通过无线网络的自配置、自优化和自恢复等功能来提高网络的自组织能力，取代高成本的网络运营维护人员的人工介入，从而达到减少人力投入、降低网络运营成本、提高网络运营效率的目的，对于运营商能否提供具备良好服务质量（quality of service，QoS）保障的移动业务起着非常重要的作用。

3G 智能手机和 4G SON 技术出现的时期，正是人工智能进入第三次发展的时期，此时传统机器学习中的监督学习、无监督学习、强化学习以及神经网络等技术在移动通信领域的各种场景中都得到了广泛应用，如在信号处理、热点区域检测、业务量预测、覆盖优化、能耗优化和干扰协调等方面都广泛应用了人工智能技术。这一阶段是人工智能技术与移动通信网络的正式碰撞。

5G 时代的智能化需求

进入 5G 时代后，随着超密集组网、毫米波、网络虚拟化、大规模 MIMO、网络切片等技术的引入，移动通信网络变得日益复杂，业务生态也更加多样化，用户个性化的网络服务质量需求，以及不同垂直行业的差异化特性等，对网络的运营和管理支撑能力提出了巨大的挑战，对网络的智能化需求更加迫切。

在国际 5G 标准制定之初，人们就考虑将人工智能和大数据分析技术与 5G 网络融合起来，利用人工智能技术对海量的移动通信网络数据进行挖掘、分析、推理和预测等。为了实现这一目标，在 5G 核心网中新增了一类叫作 5G 网络数据分析功能（network data analytics function，NWDAF）的网元。NWDAF 是 5G 核心网中用来完成大数据采集和智能分析的一类独立网元，它从网络设备和管理设备中收集各类数据，进行智能处理和分析后，将分析结果提供给数据需求方，以便进行后续决策使用。NWDAF 可以说是"AI+ 大数据"的综合体，引入 NWDAF 的 5G 网络进一步增强了网络的智能化能力。

5G 与前几代网络的重要区别是对垂直行业的支持，出现了如智慧城市、工业互联网、智慧医疗、智慧教育、智慧农业及其他垂直行业的很多智能化业务和应用场景。这些新业务和新应用场景不仅对"可用性、带宽、时延和可靠性"等网络性能指标提出更高的要求，还对网络运营管理的智能化提出了迫切的需求。如网络能够实现在无人工干预下的自配置、自优化、自治愈等，同时能以智能服务的形式将网络运营管理能力开放给垂直行业，传统的网络运营管理模式很难满足这些要求。为此，2019 年国际标准化组织电信管理论坛（TMF）成立了"自智网络项目"（Autonomous Networks Program），提出了"自智网络"的概念。2021 年，TMF 发布了《自智网络白皮书（3.0）》，提出了"在线自助订购、按需即时开通、差异化确定性 SLA 保障、安全可靠的专属网络、极简可视管理"等全新网络特性。

网络自动化和智能化是通信产业的重要发展方向，同时也是促进各行各业数智化转型升级的基础，"自智网络"这一概念提出后，得到业界的普遍认可，其目的是构建一套端到端的网络智能化和自动化方法，帮助运营商简化网络运营和业务部署，推动网络具备"自配置、自优化、自修复"的自主智能运维能力，为垂直行业和消费者用户提供"零等待、零接触、零故障"的极致体验，在网络的规划、建设、维护、优化和运营的全生命周期都实现自治，从真正意义上实现"将复杂留给供应商，将极简带给客户"。

如上所述，分别观察人工智能和移动通信发展的两条生命线，我们可以看到它们各自生长，又相互靠近。从 3G 开始，两条线开始逐渐靠近；4G 时代，二者关系更加紧密。到了 5G 时代，一方面，人工智能技术的发展为移动通信带来了勃勃生机；另一方面，从 2009 年 3G 商用到 2019 年 5G 商用再到 2022 年，在这 10 多年中，移动互联网与数据业务蓬勃发展，移动通信生态系统中产生的海量大数据，也为人工智能在通信领域的发展和应用提供了天然的、高质量的数据源，二者相互促进、共同生长。

而未来 6G 对人工智能的依赖程度将更加深化，移动通信网络与智能化将融为一体，用户的智能需求将被进一步挖掘和实现，并以此为基准进行 6G 的网络架构设计、技术规划与演进布局。网络内生智能已经成为 6G 网络的重要特征之一，这已成为通信业界的基本共识。

二、人与人工智能的关系

虽然人工智能在 6G 中的应用是大势所趋的，但是简单地把 AI 当作 6G 中的一种与移动通信简单叠加的技术是不够的。只有深入挖掘用户需求，放眼智能、通信与人类未来的相互关系，才能揭示 6G 移动通信与智能化的关系。

以色列历史学家尤瓦尔·赫拉利（Yuval Harari）在《未来简史》中预测了 AI 与人类之间关系的三个递进阶段。

第一阶段：AI 是人类的超级助手。该阶段的 AI 能够了解与掌握人类的一切心理与生理特征。甚至在某些领域，AI 对主人的了解会超过主人自己，因此超级助手可以为人类提出及时准确的生活与工作建议，但需要注意的是，在此阶段，接受建议的决定权在人类手中。

第二阶段：AI 演变为人类的超级代理。该阶段的 AI 从人类手中接过了部分决定权。当超级助手逐渐赢得人类的信任后，它将部分甚至全权代表人类处理事务，即它会在没有人类监督的情况下，自行达成目标。如它会直接代表主人与对手进行商务会谈，或者两个主人的超级代理之间会进行会谈，又或者在人类婚恋交往过程中，两个超级代理会互相比较主人的过往记录并分析两人是否合得来，并给主人提出建议等。需要注意的是，在此阶段，即使超级代理从人类手中接过了部分决定权，他还是首先需要获得主人的授权才可以做决定和后续处理。

第三阶段：AI 进一步演进为人类的主人。该阶段的 AI 手中握有大权，当其所掌握的知识和信息远远超过人类时，就可以操纵人类，而人类的一切行动则听从 AI 的安排。当科技的发展让人类交出权威，并送到非人类的算法手中时，面临的将是更多更复杂的伦理和人文方面的问题，留待未来去探索。

基于上述预测，遵循人类与人工智能关系的发展趋势，预计 6G 时代将达到关系演进的第一阶段，即超级助手阶段。作为超级助手阶段的重要实现基础，6G 承载的业务将进一步演化为物理世界和虚拟世界这两个体系，而灵将成为 6G 虚拟世界体系中的重要组成。

第 2 节　第四维元素——灵

在第五代移动通信（5G）网络中，需要相互之间通信的核心元素包括人（人类社会）、机（信息空间）和物（真实存在的物体），这三类元素之间均有可能相互通信，即在人和人之间、人和机器之间、机器和机器之间、人和物之间、物和物之间、机器和物之间等均有通信需求，目前的 5G 网络已经能够支持人机物间的互联，实现了"万物互联"。

而 6G 在此基础上，将进一步拓展通信的核心元素，引入第四维元素——灵。灵是什么？灵与人、机、物之间是什么关系？在这里给出我们的理解和分析。

ᐧᐧᐧ 一、钱学森先生与灵境

上文提到 6G 将创造一个虚拟世界，灵将是存在于虚拟世界中、又与物理世界中的人、机、物息息相关的一种通信元素。灵概念是在 2018 年，由中国工程院张平院士的团队提出，将其与人、机、物并列，作为未来 6G 网络中的一种核心元素，即 6G 网络将实现人、机、物、灵的广泛互联，进入一种新的"灵境泛在互联"阶段。

提到灵境，不得不提到我国杰出的战略科学家钱学森先生，因为灵境是钱学森先生早在 20 世纪 90 年代初，针对当时新出现的"Virtual Reality"技术专门取的一个具有浓厚中国韵味的名字，并对灵境有过精辟的论述和展望。

20 世纪 90 年代初，钱学森先生在阅读文献时注意到了"Virtual Reality"这一新技术，并将之命名为灵境。1990 年 11 月，钱学森在写给中国工程院院士汪成为的信中，首次提出 Virtual Reality 的中文翻译为"人为景境"或灵境，并强调特别喜欢灵境，中国味特浓（图 2-1）。

"Virtual Reality"现在普遍翻译为"虚拟现实（VR）"，其基本实现方式是计算机通过模拟真实环境而带给人类在虚拟世界中的真实感和沉浸感，让用户可以在虚拟世界中体验到真实的感觉。钱学森从 VR 技术中卓有远见地看到了未来科技发展给世界带来的大变革。

汪成为同志：

　　　奉送 "Virtual Reality" 文，恭乞见到。

　　此词中译，可以是

1. 人为景境（不用"人生景境"，那是中国园林了），

2. 灵境。

我特别喜欢"灵境"，中国味特浓。

　　　　该的。

　　　　　此致

敬礼！

　　　　　　　　　　　钱学森
　　　　　　　　　　　1990.11.27

图 2-1　钱学森先生的信——将"Virtual Reality"翻译为灵境

⊪ 二、什么是灵

　　灵境从字面意思来看，可解释为："奇妙的境界"或"虚幻的境界"，从钱学森的解释来看，灵境可以用来扩展人脑的感知，使人与计算机的结合达到深层次的、全新的高度，进而促使社会进入一个高速发展的时期。由此可见，灵境已不仅仅局限于虚拟现实（VR）技术，而是对虚拟现实技术进行拓展后的一种情境。我们认为灵是构成灵境的重要组成部分，下面尝试解释一下什么是灵。

　　首先举一个例子，在未来 6G 创造的虚拟世界中，可为物理世界中的每个用户构建一个 AI 助理（AI Assistant，AIA），可以通过 AI 助理采集、存储和交互用户的所说、所见、所听、所触和所思，并为用户提供全方位的服务，包括日常生活服务、工作服务、商务服务、心理服务等，这

个 AI 助理即可认为是灵的一种体现。

这种 AI 助理的概念还不同于现在提出的数字孪生（digital twin，DT）概念。在虚拟世界体系中，可以将人类用户的各种信息及差异化需求进行数字化的抽象与表达，并建立用户的全方位立体化模拟，这是人体数字孪生的概念。而虚拟世界中的 AI 助理（灵的一种体现）不同于人体数字孪生，它没有可视的人类立体化模拟，但比数字孪生更了解用户自身。AI 助理与物理世界中的人（用户）形影相随，不需要人工参与即可实现对人类意图的识别、对信息的感知，以及决策的制定等。

AI 助理基于对用户大量数据的采集和分析，已经能够了解和掌握用户的心理与生理特征，构成先验知识。当用户有需求时，AI 助理基于实时采集的各类数据和高效的机器学习技术，完成用户意图的获取和识别。用户意图可来源于用户的直接指令或间接指令，形式包括文字、声音、图像、动作，甚至是表情等。AI 助理识别出用户意图后，基于采集的大量数据和对用户的了解（即先验知识），借助人工智能技术，可自主为用户完成相应决策的制定，从而可为用户提出及时准确的生活与工作建议。

假设未来有这样一些场景：

场景 1：AI 助理了解用户的个人信息，为人类提供及时准确的生活服务，如每日晚餐前一个小时提醒主人该吃的药；又如好朋友生日将近，AI 助理能提醒用户该给朋友买生日礼物了，并能根据用户与朋友的喜好，提出礼物采购的建议。

场景 2：AI 助理陪伴用户逛街，基于对周边信息和对用户喜好的了解，能给用户推荐附近哪里有美食，需要等待多长时间等；或者在用户试衣时给出评价，并根据用户的工作场合和个人性格等，给出服装购买建议。

场景 3：AI 助理陪伴用户参加商业活动，比如在一个商务会议前根据收集的大量数据和商务策略，为用户提供商务决策的建议；又如根据用户当前的血压和多巴胺等信息预测主人此时的商业决定是否冲动，并以此对主人提出警示等。

以上场景中的 AI 助理可以认为是用户的智脑，为用户提供智能的生活和工作服务。AI 助理存在于虚拟世界中，其在现实世界中的承载体可能为手机终端、智能穿戴终端（如手环或眼镜），或者某种新型的嵌入式生物智能终端等，并不受智能终端的具体物理形态限制，具备为用户构建个性化自主沉浸式立体代理的能力。更进一步，不同用户的 AI 助理之间还可能进行信息通信，不仅实现灵与人、机、物之间的通信，还能形成灵与灵之间的通信。

除了人类的 AI 助理之外，灵还可以有其他形态的体现，比如可以表现为虚拟世界中的各种虚拟人、机、物等元素，在虚拟世界中实现类似现实世界中的人、机、物间的行为。又比如从通信网络自身的运营管理角度，灵还可以表现为网络运营管理智能代理来自主完成对通信网络的智能运营管理。

网络运营管理智能代理可以接收来自用户的业务意图（直接指令或间接需求），智能代理识别出意图后，进行意图转译，转译为网络运营管理需求，然后智能代理根据其具备的多源感知信息、经验、知识、规则等，自主完成网络运营管理策略和方案的制定，并将方案或指令发送给网络实体来执行，通过对网络进行配置、优化、故障恢复等动作，来满足用户的意图。在这一过程中，没有人工运维人员的介入，在智能代理的"运筹帷幄"中，实现了网络运营管理的闭环自治。

假设未来有这样的场景：

场景 1：用户在使用手机过程中出现掉线或网络不稳定，用户可以通过电话或网络进行申诉，比如平静地说"我家里手机经常掉线，请帮我检查一下"，或者焦急地说"我这里总出现掉线，赶快帮我解决问题啊"，或者愤怒地说"网络这么不稳定，你们是怎么做的"。无论什么语气，智能代理都会自动识别该申诉（即意图），将其转译为结构化的无线网络问题，如"某市某小区 5G 无线掉线率高"。其后，针对转译后的无线网络问题类型，结合当前问题对象的网络场景和网优专家对该问题的优化分析经验或无线网络优化问题相关知识，确定网络优化目标，如需要进行覆盖优化或干扰协调或邻区优化等。确定目标后，通过人工智能算法寻找最佳网络优化方案，最后将优化方案的具体指令发送给相关网元自动执行，并对优化后的网络运行状态进行新的感知和评估，确保满足用户意图。

场景 2：有用户想在晚上 7—9 点玩沉浸式游戏，希望为其保障至少每秒 10 吉比特（10Gbps）的业务速率（高速率），且要保障业务期间的响应迅速（低时延）和完全不间断（高可靠）。这类需求是差异化的个性需求，对用网时间、带宽、时延和可靠性等都提出特定的需求。智能代理接收用户需求意图后，将该意图转译为资源预留或调度需求，同样结合当前用户优先级别、网络场景、多维度海量感知信息、资源调度知识和规则等，形成满足意图的解决方案，并发送给相关网元具体执行，为该用户在特定时间段预留相应资源，从而在无人工介入的情况下自主满足用户的差异化需求。

由于现代无线网络具备密集性、高复杂性、超大规模、高动态性的特点，通过人力方式几乎不可能基于现有网络架构迅速地找到最佳网络优化解决方案。而智能代理可以全面洞察多维多源的信息，并具备网优专家的海量优化经验和优化知识，因此可以根据不同无线网络问题类型和场景确定优化目标并给出最优的网络优化策略和方案,快速优化无线网络问题,提升网络性能指标,改善用户感知。

网络运营管理智能代理可以认为是网络的智能大脑,我们看不到、摸不着,存在于虚拟世界中,是灵的一种体现,其在现实世界中的承载体可能为电脑、服务器,甚至某类网元设备等,它不受其载体的具体物理形态限制。

.ull 三、灵具备什么能力

灵作为与人、机、物共存的一类"实体",至少具备感知、分析和决策能力。

感知能力

灵可以根据需要感知物理空间或虚拟空间的信息,不同的灵的形态具有不同的感知能力,如 AI 助理可以感知人类用户的声音、行为、喜好、需求,甚至心情等。又如网络运营管理智能代理可以感知网络中的各类信息,包括:网络拓扑信息,通信与计算功能的各类物理设备或虚拟设备的配置信息和运行状态信息,网络中各节点的通信、计算和存储等资源信息,建筑物、空间、天气等环境信息,以及网络用户和业务的相关信息等。

分析能力

灵通过感知到的多维度海量信息,基于智能方法实现对信息的处理和学习,形成智能模型。如 AI 助理可以构建并训练形成虚拟行为空间和虚拟精神空间中的用户行为特征模型、用户性格特征模型、用户喜好模型和用户决策偏好模型等。又如网络运营管理智能代理可以根据感知到的网络资源、环境、用户、业务等多维信息，构建并训练形成网络智能运营管理模型，包括网络资源编排模型、网络优化决策模型、网络故障自愈模型、业务运营质量保障模型等。

决策能力

灵基于先验知识，并根据不同场景和应用需求，选择适当的智能模型完成决策，并通过与人、机、物的协作，为用户提供实时服务，或代理用户实现相应的需求。如 AI 助理可提供生活提示、采购建议、商务谈判建议等。又如网络运营管理智能代理可给出网络参数配置方案、网络优化决策方案、网络故障恢复方案等，并在有授权的前提下，可在无人工参与的情况下指挥网络完成相应动作，实现网络运营管理的自主闭环流程。

6G 引入灵作为具有智能性的通信对象，通过灵与人、机、物的协同，构建起物理世界与虚拟世界的融合空间，自主代理用户或网络完成情景感知、目标定向、智能决策、行动控制等，提供各类不可见的服务。

从一定程度来说，灵将具备一定的智能"意识"（consciousness），能对感觉、情感、意念、喜好等主观情绪与活动进行表征和编译。考虑到 6G 时代以及更远的未来，人类自身将会把更多的精力投入到更具探索性、认知性和创造性的任务上，从而一些可在知识或认知指导下完成的具体操作性的事务将会交给灵来完成，在一定程度上可将人类从具体事务中释放出来。此外，由于灵具备一定的意识性和智能性，它将不仅发挥智能代理作用，还将助推用户的认知发展，与人类形成互助互学的意象表达与交互环境，促进人工智能与人类智慧的和谐共生。

第 3 节　6G 的双世界体系

前面提到未来 6G 业务将形成物理世界和虚拟世界两个体系，灵将是未来 6G 虚拟世界体系中的重要组成。那么，双世界体系具体表现出来的是什么形态呢？我们做一个简单的分析。

一、双世界体系架构

图 2-2 给出了未来 6G 业务可能的双世界体系设计框架。

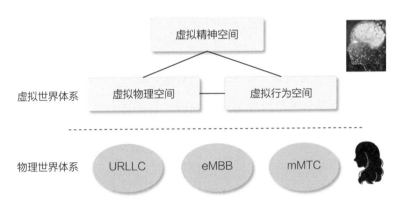

图 2-2　6G 业务双世界体系框架

如图所示，物理世界体系中的业务将会后向兼容目前 5G 中的增强移动宽带（eMBB）、海量物联网通信（mMTC）、低时延高可靠通信（URLLC）等典型场景，实现真实世界万物互联的基本需求；而虚拟世界体系中的业务将是对物理世界体系业务的延伸，与物理世界的各种需求相对应，实现物理世界在虚拟世界的延伸和衍化。虚拟世界体系包括三个空间：虚拟物理空间（virtual physical space，VPS）、虚拟行为空间（virtual behavior space，VBS）和虚拟精神空间（virtual spiritual space, VSS）。

虚拟物理空间

虚拟物理空间是基于典型场景的实时巨量数据传输，构建真实物理世界（包括地理环境、建筑物、道路、车辆、室内结构、人员等）和真实网络（包括物理网元、虚拟网元、链路、网络拓扑、业务服务链等）在虚拟世界的镜像，并为海量用户的智能助手（AIA）提供信息交互的虚拟数字空间，同时也是网络运营管理智能代理存在的虚拟空间。

虚拟物理空间中的数据具有实时更新与高精度模拟的特征，可为物理世界中网络的运行、保障和管理提供决策制定和执行的仿真和验证，尤其在对重大体育活动、重大庆典、抢险救灾、军事行动和数字化工厂等应用提供支撑方面发挥重要作用。

虚拟行为空间

虚拟行为空间扩展了 5G 的通信场景。6G 将扩展 5G 中 mMTC 的感知方式，形成无处不在无所不感知的智能物联网络。尤其是将出现更多的生物仿生类传感器，依靠 6G 人机接口与生物传感器网络，虚拟行为空间将能够实时采集与监控人类用户的身体行为和生理机能，并向智能助手及时传输身体状态及诊疗数据。智能助手对虚拟行为空间提供的数据进行分析，基于分析结果预测用户的健康状况，并给出及时有效的诊疗解决方案。

虚拟行为空间中的数据同样具有实时更新的特性，同时还具有人类感官的主观性和差异化特性，其典型应用是远程诊断、精准医疗和智慧养老等。

虚拟精神空间

基于虚拟物理空间、虚拟行为空间与业务场景的海量信息交互与解析，可以构建虚拟精神空间。随着语义信息理论的发展、人机接口理论的突破，以及差异化需求感知能力的提升，智能助手除了能够获知环境信息和人类感官信息之外，还能逐渐获取人类的各种心理状态与精神需求信息。

基于虚拟精神空间捕获的感知需求，智能助手将为真实用户的健康生活、娱乐、工作、商务等提供完备的建议和服务。例如，不同用户的智能助手在虚拟精神空间通过信息交互与协作，可以为各自用户的择偶与婚恋提供深度咨询，可以为用户的求职与升迁进行精准分析，可以帮助用户构建、维护和发展更好的社交关系等。

ᵤₗₗ 二、构筑数字孪生网络

由虚拟物理空间、虚拟行为空间和虚拟精神空间构成的虚拟空间，与物理空间共同形成双世界架构，目前来看，双世界架构愿景距离我们还显得有些遥远，但它们在逐步发展的过程中，尤其是虚拟物理空间，目前已经成为通信网络领域研究热点的数字孪生网络便是虚拟物理空间的一种实现。

数字孪生是以数字化方式创建物理实体的虚拟模型，借助数据模拟物理实体在现实环境中的行为，通过虚实交互反馈、数据融合分析、决策迭代优化等手段，为物理实体增加或扩展新的能力。简单来说，数字孪生就是构建某个事物的数字版动态"克隆体"。通过虚拟空间中的"克隆体"来反映物理空间中对应的现实物理实体的全生命周期过程，可以说是起到了连接物理世界和信息世界的桥梁和纽带作用。

数字孪生是一个普遍适用的理论技术与应用体系，可应用在众多领域，尤其在产品设计、产品制造、医学分析、工程建设和军事仿真等领域，目前已经有了很多应用。将其应用在通信网络领域，便形成了数字孪生网络（digital twin network，DTN）的概念。

数字孪生网络是在信息空间构建物理网络的实时镜像，形成物理空间的物理网络实体和信息空间的虚拟网络孪生体的一个系统。在该系统中，物理网络和其孪生体之间可以进行实时的交互映射，各种网络应用和网络运营管理功能也可以在信息空间构建相应的虚拟孪生体，并基于数据和模型对物理网络进行高效的分析、诊断、仿真和控制。数字孪生网络可增强现实世界中物理网络所缺少的系统性仿真、优化、验证和控制能力，助力网络新技术和新应用的部署，更加高效地应对各种网络问题和挑战。

一般来说，数字孪生网络具备四个核心要素：数据、模型、映射和交互（图 2-3）。

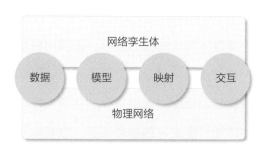

图 2-3　数字孪生网络的核心要素

数据是构建数字孪生网络的基石。通过构建统一的数据共享仓库作为数字孪生网络的数据来源，包括物理网络实体的配置、拓扑、状态、信令、路由、告警、故障、日志、用户和业务等的历史和实时数据。通过高效存储这些数据，为信息空间的虚拟网络孪生体提供数据支撑。这一要素的核心是需要确保数据的准确性、一致性、完整性和安全性，因为作为物理网络的数字镜像，数据越全面越准确，虚拟网络孪生体就越能高保真地还原物理网络。

模型是数字孪生网络的能力源。基于所采集的各类数据，经过大数据处理和人工智能方法能形成功能丰富的数据模型，如网元配置模型、拓扑模型、功能模型、业务模型、管理模型和决策模型等，这是利用虚拟网络孪生体实现对物理网络的仿真、分析、诊断、优化、控制的源泉。同时，还可基于差异化应用需求，通过灵活组合的方式在现有模型基础上创建出多种模型实例，以服务于各类网络应用。

映射是数字孪生网络的关键环节。虚拟网络孪生体要确保对物理网络实体的高保真可视化呈现和高保真功能仿真，映射是关键环节。通过虚实间的一对一或一对多映射能够实时呈现物理网络的真实配置和运行状态，进而才能有效地进行网络的分析、维护和优化。通过网络孪生体与物理网络的实时虚实映射，可实现网络实时运行状态监控、网络性能精细分析和展示，以及对网络配置变更和优化策略进行预验证等。

交互是达成虚实世界同步的核心要素。虚拟网络孪生体通过标准化接口完成对物理网络的实时信息采集，提供及时诊断和分析决策，并在必要时通过接口发出控制指令。虚拟世界和物理世界间的映射与交互是实现数字孪生网络能够"孪生"的核心要素，也是数字孪生网络区别于一般网络仿真系统的最典型特征。为了实现同步，虚拟网络孪生体与物理网络间的接口定义是关键，包括采集接口和控制下发接口，需要采用统一的、扩展性强的、易用的标准化接口和协议体系。

基于四要素构建的虚拟网络孪生体可在专家知识、人工智能、大数据挖掘、管理方法、全息可视化等技术的支持下，对物理网络进行全生命周期的仿真、呈现、分析、诊断和控制，实现物理网络与其网络孪生体间的实时交互映射，从而帮助物理网络以更低成本、更高效率、更小的现网影响来部署各种网络新技术或新应用，助力网络实现智慧化运营。

除四要素外，对于数字孪生网络，还有如下的基本要求：

①兼容性：由于物理网络可能由不同的厂商提供，具有差异性，因

此虚拟网络孪生体需要有较强的兼容性，以适用于异厂商设备和特性。

②实时性：同步是数字孪生网络的特性，因此物理网络和虚拟网络孪生体之间需要具备虚实同步交互的能力，要求具备实时性。

③可扩展性：随着物理网络规模的变化，虚拟网络孪生体需要适应物理网络规模的动态增长或缩小，同时采用的网络技术也在发展变化中，需要具有扩展性。

④可靠性：虚拟网络孪生体是对物理网络的真实映射，并进行全生命周期的仿真和交互，要实现可信的虚实交互，需要具备高可靠性。

⑤安全性：要确保物理网络的安全运行，需要数字孪生网络具备防攻击性，同时网络遭到恶意攻击后应具备相应的防护措施以确保网络系统的安全性。

数字孪生网络是 6G 虚拟世界体系中虚拟物理空间的一种实现，随着人工智能和大数据技术的突破，相信数字孪生网络将得到飞跃发展。而数字孪生网络所带来的海量数据和提出的各类需求，也将为人工智能的应用提供更广阔的场景。

第 4 节 人、机、物、灵的融合

一、人、机、物、灵的融合能力

如前所述，在 5G 的人类社会（人）、信息空间（机）和物理世界（物）这三个核心元素之外，6G 引入了第四维元素——灵。灵存在于虚拟空间，是在人、机、物全方位融合基础之上的一类新的通信元素，它具备感知、分析和决策的能力，而这些能力的实现需要与人、机、物相互配合，共同作用。

感知是灵的基础能力。作为虚拟世界中的元素，灵要实现感知能力必然离不开物理空间中的人、机、物的参与和协助，无论是主动参与还是被动参与，多维信息的感知都是人、机、物、灵融合的结果。

分析是灵的核心能力。灵通过感知物理世界中的多维信息，可以进行各类数据的分析工作，如基于人工智能等技术构建虚拟物理空间中的孪生体特征模型和网络优化决策模型等；或者构建虚拟行为空间中的用户健康模型、用户诊疗方案、用户诊疗决策模型等；或者构建虚拟精神空间中的用户行为特征模型、决策偏好模型、用户性格特征模型等。

决策是灵的行动能力。灵基于感知信息和先验知识，并根据不同的场景和应用需求，选择适当的智能模型完成决策，这种决策能力也可以称为灵的行动能力。但是决策的真正实施还需要通过与人、机、物的协作才能最终完成，从而为用户提供实时服务，或代理用户实现相应的需求。

引入灵作为具有智能性的通信对象，通过灵与人、机、物的协同，构建物理世界与虚拟世界的融合空间，成为未来 6G 网络区别于现有网络的特征。灵的引入将目前 5G 时代的"通信、计算、控制"一体化上升至"通信、计算、控制和意识"的一体化，使 6G 网络成为一个真正智能内生的网络。

而人、机、物、灵的融合，给网络体系架构、信息通信理论和关键技术等方面都带来了一系列的挑战。

ᵈᴵᴵᴵ 二、人、机、物、灵融合带来的挑战

网络通信性能的提升并不是 6G 网络演进的唯一目标。为了实现人类更深层次的智能通信需求，6G 将实现从真实物理世界到虚拟世界的延拓，

虚拟世界将是未来 6G 的重要应用场景。

当前，5G 网络从解决不同垂直行业需求的角度出发，分别解决了高带宽场景、低时延场景和多接入场景的特定问题，但是不同场景的问题是通过采用不同的技术来解决的，无法融合在一起解决所有的问题。而未来 6G 网络不仅需要同时满足 5G 三大场景的需求，还要进一步实现三大场景的增强融合，调和不同场景中的业务需求矛盾，实现物理世界和虚拟世界的更深层次的智能通信需求。

虚拟世界源于对真实世界的信息采样、传输、分析和重构，为支持虚拟世界场景，6G 网络需要实时感知环境的变化，高效处理海量数据，快速完成决策制定，并有效实现与真实物理世界中的终端、边缘节点以及云计算中心等各类节点间的信息交换。同时，灵的引入，将使感觉、生理、心理、喜好等元素成为新型的信息元素，将与传统人、机、物等信息元素在 6G 网络中融合、交互、传输。人、机、物、灵间的协同交互、应用场景虚实结合的特点、实时高效交互的需求等，都将给未来 6G 网络带来巨大的压力和挑战。

对网络架构的挑战

随着业界对未来 6G 业务的智能化、虚实结合、沉浸式等特性逐渐达成共识，对 6G 网络智能化的需求更加迫切。通信对象向人、机、物、灵的进一步扩展，新应用形态与模式必将层出不穷。为支持应用和网络的智能化，将引入越来越多的智能节点来完成相应的智能计算任务，传统的网元功能和模式将发生改变，通信、计算、存储和感知等关键技术将逐步深度融合。在这些需求和技术的推动下，传统网络体系架构存在的问题也逐渐呈现出来，如：无法高效支持泛在连接、无法进行异构节点间的协同高速计算、无法提供端到端确定性服务和差异化服务、补丁式增强的智能化技术无法满足高级别网络智能要求等。

现有网络架构对智能化的支持较弱，这是由于 AI 技术应用于 5G 网络的时机相对较晚，在 5G 网络架构基本确定后才开展了相关研究，因此 5G 网络智能化的实现是在传统网络架构上进行优化和改造，总体属于外挂式或打补丁式智能，因而造成网络架构存在以上问题。因此，6G 网络需要在架构设计的初始阶段就考虑和智能化的深度融合，设计架构级内生智能，以实现面向人、机、物、灵协同的内生智能网络。

要实现内生智能，在 6G 网络架构设计时需要考虑如下因素：

① AI 要素服务化。AI 有自身的特征，它由数据、算力、算法基本三要素组成，同时还需要连接要素（或传输要素）来实现各要素之间的交互，由此形成了 AI 四要素。AI 四要素之间相互协作但不紧耦合，因此 6G 网络架构需要支持 AI 四要素功能的解耦和模块化设计，提供对内和对外的 AI 要素服务化能力，即 AI 四要素既可以单独提供服务，也能以任意组合的方式提供服务，从而实现 AI 各个要素服务的独立扩展演进和灵活部署，达到 AI 能力的高效复用。

②以任务为中心的智能业务编排。未来 6G 业务将不是以完整独立的业务形式对外提供，而是以微服务或组件甚至是更细粒度的函数的形式来提供，不同的微服务或组件或函数通过灵活组合来形成业务，这些可以灵活组合的构件称为任务。因此面向未来智能业务，6G 网络架构应支持构建以任务为中心的完整全生命周期管控机制，并实现以任务为中心的业务动态编排机制，从而实现智能业务的高灵活编排和高质量 QoS 保障。

③面向服务的协同控制。6G 网络需具备人、机、物、灵的协作编排

能力，即基于以任务为中心的智能业务编排结果，对 AI 四要素服务进行生成和协同控制，实现 AI 四要素服务的联合调度和路由优化，支持全网内 AI 资源的共享和扩展。通过对 AI 四要素的按需生成、分布式部署和智能协同控制，从而实现网络对服务请求的自感知和自适应，并满足对服务的低时延、高可靠和高能效需求。

④支持 AI 服务开放。AI 服务不仅为通信网络自身服务，还可为第三方应用和终端提供开放的智能服务，实现通信服务和 AI 服务的融合。

对信息表征方法的挑战

与 5G 人、机、物三维组成的信息空间不同，在引入第四维灵的概念后，灵将触觉、感觉、体验、情绪、知识等非结构化的，甚至是很主观的信息类型带入信息空间，这就要求网络需要具备相应的信息表征能力，同时还需要具备与人、机、物的信息交互能力。灵这一新的信息维度的加入，导致了 6G 网络信息空间的高维特性，一方面带来信息空间的快速扩张，另一方面也极大增加了信息表征方法的难度。如何对形式多样的主客观信息进行表征和交互，打通虚拟世界与物理世界的域界，支撑双世界架构中人、机、物、灵的交互与沟通，将是实现未来 6G 网络的技术基础。

1G 至 5G 的信息承载维度所表征的信息空间可以满足当时的业务需求，而新引入的非客观信息将与传统信息元素在 6G 网络中交汇融合。6G 不仅要表征、采集、感知、处理与传输传统客观信息，也要表征、采集、感知、处理与传输新型的主观类信息，构建语义信息与语法信息的全面表征方案，这就要求必须突破经典信息论的局限，发展广义信息论，这也是实现人、机、物、灵智能交互的理论基础。

对信息处理能力的挑战

未来人、机、物、灵将存在于社会各行各业，带来 6G 网络业务量和连接数的急剧增长，网络需要交互和处理的信息类型和信息规模也将呈现几何级数的增长。信息类型的高维性不仅急剧增加了 6G 信息表征困难，相应的 6G 网络在信息处理方法、机理与效果方面也将呈现出高度的动态性与复杂性。

业务量方面，6G 网络不仅面临高业务量，还由于不同区域不同类型的业务分布可能呈现出非均匀高速增长趋势，信息密度的非均匀增长将导致信息传播和处理呈现出大范围、高动态、非线性特征。

连接数方面，未来大量出现的智能传感设备将极大扩展 6G 网络支持的连接数，6G 网络需要实时感知并高效处理海量传感器反馈的数据，并高速完成终端与边缘节点以及云计算中心的信息交换。

智能业务方面，由于灵的引入使 6G 网络中信息间耦合关系更加复杂，主客观信息的各种交织、学习、聚集与分离在信息空间中进行传播与扩展，以及虚实结合类业务对时延和同步的高精度要求，也极大地增加了信息处理的难度。

因此，高效的信息处理能力成为保障人、机、物、灵通信对象动态协同、和谐共存和高维信息空间解耦的关键，而其中信息理解能力和计算能力成为解析处理信息的核心能力。计算能力在近几十年中得到了飞速增长，主要是得益于处理器的爆发式发展，根据摩尔定律，集成电路上可容纳的晶体管数目每隔 18 个月便会增加 1 倍，性能也提升 1 倍。然而，目前集成电路中晶体管的尺寸已逼近物理极限，人们无法快速简单地通过集成电路的规模倍增效应满足 6G 高速复杂的信息处理对计算能力的需求，摩尔定律可能终将走到尽头，如何应对信息处理的复杂性和高速性是 6G 网络面临的重大挑战。

对基础通信芯片和器件的挑战

6G 业务对网络通信带宽和传输速率有更高的要求，无线传输速率需求从 5G 的每秒兆比特（Mbps）级将进一步扩展到每秒吉比特（Gbps）级别，同时随着灵的引入，6G 通信对象进一步扩展，人、机、物、灵协同服务对信息传输和处理速率需求预期将达到每秒太比特级别，但目前低频段频率资源已基本都被占用，无法满足需求，因此预计 6G 网络将逐渐向更高频段延伸。

除已经在 5G 中投入使用的毫米波频段外，目前受业界关注的可用高频段还包括太赫兹频段和可见光频段。太赫兹指的是 100 吉赫兹—10 太赫兹的频段，波长范围为 0.03—3 毫米，介于无线电波和光波之间，具有携带信息丰富、穿透性强、定向性好、带宽高、安全性高等特性，但目前瓶颈在于高频核心器件的研发尚未取得突破。可见光指的是 420 太赫兹—780 太赫兹的频段，波长范围为 380—780 纳米，无须授权即可使用，具有照明和通信相结合、无电磁干扰、绿色环保等优势，但目前可见光通信产业链远不够成熟，瓶颈在于可见光收发器件的研发。

6G 对超宽无线带宽和超高信息速率的需求，对信息通信中最基础的信号采样、处理、压缩、传输、交换、存储等环节都带来极大的挑战，尤其是对芯片和高频器件研发的挑战。传统通过资源堆叠来提升网络能力，以频谱资源、计算资源和无线接入资源的过度消耗及网络复杂度的爆炸式增长为巨大代价的实现方式将难以为继。而电子芯片制程工艺逼近极限，提升空间有限。此外芯片断供，而我国基础通信芯片的短板难以在短时间内补足。在这一形势下，如何破除资源堆叠和芯片短板困境，探寻一条既符合我国发展国情又站在世界前沿的信息通信网络发展路径非常重要。

对提供差异化服务能力的挑战

6G 网络应能够支持千人千面的差异化服务定制和服务精准提供，即网络可以支持用户粒度的个性化服务质量要求。不同用户对业务体验的要求不同，不同业务对通信质量的要求也有巨大差异，如对带宽、时延、抖动、丢包率、可靠性、计算能力、存储能力等要求各不相同，而且这些需求差异化的业务在 6G 网络中不是独立出现，而是相互交织出现或同时出现的，极大增加了服务提供的复杂度。个性化服务定制、场景多变叠加等问题将给网络服务提供和网络运营管理带来严峻挑战，需要通过 AI 技术来感知和挖掘用户需求及业务差异，对用户需求和业务差异进行快速精准的感知分析和推理预测，并具备用户粒度的服务质量保障机制。

未来 6G 业务具有多模态、全息、全感官、沉浸式等虚实结合的特点，需要重点研究沉浸式新型服务的提供与交互机制，需要将 AI 技术深度融合到 6G 人、机、物、灵融合服务的计算、传输、渲染及交互等不同过程中。因此对 6G 服务提供平台也提出了挑战：如何设计多模态全息通信与交互的服务提供机制；如何解决全息业务在网络层面临的超高带宽、超低时延、网络算力及网络服务质量等性能瓶颈问题；如何解决不同场景和动态环境下多模态全息信息自适应传输问题；如何解决物理世界和虚拟世界的信息交互与协同问题，等等。

对网络安全的挑战

6G 网络除仍将面临和现有 5G 网络同样的安全问题外，在引入灵之后，还将带来一些新的安全问题，如在"云—边—端"异构组网架构下，各类异质的网络设备、计算设备、物联设备、可穿戴设备、存储设备等如何进行快速可信认证与安全接入；在虚实结合场景中，物理世界和虚拟世界的安全问题是否会影响到对方，以及如何互相影响；6G 网络和业务还可能面临一些未知威胁攻击，而由于无法获取这些未知威胁的表现和攻击手段等先验信息，6G 网络的保护将缺乏理论和技术支持，在这种情况下，如何快速发现、追踪溯源、准确表征、定点清除未知威胁等，都是未来面临的技术难题。

另外，数据的安全和隐私保护未来将会被提到前所未有的高度，尤其当灵被引入后，用户的很多主客观信息都是系统采集、处理和传输的对象，在数据的采集、传输、存储、处理和使用的各个环节中，都会涉及多方主体共同参与，如网络提供方、计算提供方、服务提供方等，各方在遵循数据安全和隐私保护等的方案和机制上存在千差万别，这都将对数据安全和隐私保护带来难度。

上述挑战表明，6G 网络将是一个不断探索未知维度，拓展信息空间的复杂系统。为了应对以上挑战，需要在人、机、物、灵融合设计理念下，从支持未来人类社会的需求和愿景的顶层设计出发，借鉴复杂系统的相关理论，设计与优化未来的 6G 网络。

第 5 节　展望 6G

如前面所述，人、机、物、灵的融合带来了一系列挑战，这些挑战不一定能在 6G 网络中全部得到解决，但我们相信在业界的共同努力下，6G 一定会解决其中的很多问题。前路艰难，但前景光明，我们可以展望一下未来的 6G 网络。

①6G 将实现空天地海一体化覆盖。6G 将是一个覆盖范围更广、渗透能力更深的网络，包括地面通信、卫星通信、空中通信、海洋通信、设备间短距离通信甚至脑机通信等，通过空天地海通信技术的协同和智能移动管理技术，6G 将实现空天地海一体化的全球无缝覆盖，随时随地提供无处不在的通信服务。

②6G 将实现通信性能的大幅提升。速度上将能支持每秒太比特级的通信速率。随着毫米波、太赫兹、可见光等更高频段通信技术的突破，以及信号处理技术和高频器件技术研发的攻关，6G 可以使用更高的频段以实现更高的通信带宽和速率，还可利用更灵活的频段共享技术进一步提升频分复用效率，与 5G 相比，6G 可提升 10—100 倍的数据速率。此外，在传输关键技术及智能信号处理技术取得突破的基础上，6G 将进一步实现亚毫秒级的时延、支持每小时超过 1000 千米的移动速度，以及每平方千米超 10^7—10^8 连接数等通信能力的大幅提升。

③6G 将拓展信息模式。除了支持传统的语音、数据、图像、视频、VR、AR 等信息模式外，6G 将初步引入触觉、嗅觉、味觉、感觉、情绪、知识等非结构化的甚至是很主观化的信息模式。因此在基本信息理论方面，6G 将拓展传统信息理论，探索广义信息理论，从理论上保证主观语义信息的表征、度量、压缩、处理、传输和优化。

④6G 将是具有自治能力的网络。不同于目前有人工介入的网络运行维护和管理，6G 将构建一套端到端的网络智能化和自动化方法，使网络具备"自配置、自优化、自修复"的自主智能运维能力，并能为垂直行业和消费者用户提供"零等待、零接触、零故障"的极致体验，在网络的规划、建设、维护、优化和运营的全生命周期都实现自治。

⑤6G 将是一个具有内生安全的网络。6G 网络将具有内生的安全方案。通过引入信任和安全机制，6G 将具有自我意识能力、实时动态分析能力和自适应风险和置信度评估能力，这些都将有助于实现网络空间的安全。同时，在前几代移动通信对数据保护的技术基础上，6G 的隐私保护将作为一个重要任务，而不是一个附加特性来考虑，因此隐私保护将纳入6G 设计原则和关键设计要求，为6G 网络和数据提供全面的隐私保护。

⑥ 6G 将支持更多的智能化业务。未来 6G 业务将呈现出沉浸式、智能化、全息化、全感官化等新发展趋势，如全息视频会议业务、沉浸式云扩展现实、引入触觉嗅觉等的全感官业务等。未来 6G 业务将支持精确的空间互动，满足人类在多重感官，甚至情感和意识层面的交互，实现物理空间和虚拟空间的结合，为人们带来身临其境的极致体验，享受更丰富多彩的生活。

面向 2030 年及更远的未来，6G 网络将在 5G 网络基础上全面支持人类社会的数字化，并与人工智能深度融合，实现人类更深层次的智能通信需求。6G 业务将实现从单一物理世界体系到物理世界与虚拟世界双体系的延拓，推动社会走向虚实结合、智慧泛在的未来。

本章参考文献

---

[1]李文璟，喻鹏，丰雷，姚羿志，彭木根，林巍. YD/T 3136-2016，无线接入网自组织网络（SON）管理技术要求[S]. 2016: 10.

[2]中国联通. 自智网络白皮书 (3.0)[R/OL]. (2021-09) [2023-08-15]. https://www.c114.com.cn/topic/images/6195/pdf-1.pdf.

[3]尤瓦尔·赫拉利.未来简史[M]. 林俊宏，译. 北京，中信出版集团，2020.

[4]张平，牛凯，田辉，等. 6G移动通信技术展望[J]. 通信学报，2019，40(1): 141-148.

[5]IMT-2030（6G）标准推进组.内生智能网络架构研究报告[R]. 2022-12.

第 3 章

6G 业务

相比 5G 专注于三大类典型业务场景，6G 将融入社会生活的方方面面，因此区分 6G 典型业务将更加困难。本章首先介绍 6G 业务愿景，结合 6G 技术特征对其业务图景进行全貌性的概述；然后试图从一些典型维度，对具有较高关注度的 6G 业务场景进行分析归纳，主要包括全息全感类业务、虚实结合类业务、全域通信类业务以及智慧赋能类业务，其中智慧赋能类业务众多，涉及各行各业，本章给出具有代表性的示例，如智能制造、智慧医疗和无人驾驶等。

第 1 节　6G 业务愿景

"4G 改变生活，5G 改变社会"，随着 5G 商用化步伐的逐步加快以及 5G 应用向垂直行业的逐步渗透，一些国家一方面在继续推进 5G 技术的攻关，另一方面也开始布局 6G 网络及相关技术研究。未来在人工智能等新技术与通信技术的深度融合预期下，6G 网络将能够提供每秒 1 太比特的峰值传输速率，支撑十年后平均每人 1000+ 无线节点的连接，并提供随时随地的即时全息连接需求，实现人与万物近乎即时（毫秒级）的连接，支持未来完全数据驱动的社会构建，因此 6G 业务具有广阔的想象空间。

相比于 5G 网络，6G 网络在速度、广度和智能化深度方面都将有质的飞跃；而业内人士也对 6G 业务愿景进行了展望，如"一念天地，万物随心"，如"业务随心所想，网络随需而变"等，这些业务愿景通俗来说，可以用"更快，更广，更智能"来概括。

"更快"体现为 6G 业务的高速和低延迟。以下载电影为例，现在用手机下载一部 1GB 的高清电影，通过最快的 5G 移动通信网络需要 3 秒左右，比 4G 时代提高了 10 倍。而未来 6G 网络的传输能力预计比 5G 提升 10—100 倍，网络延迟也可以从毫秒级降到微秒级，1 秒可以下载几十甚至上百部高清电影。同时 6G 网络的高速低时延特性也将为未来移动环境下的高保真增强现实 / 虚拟现实（AR/VR）、全息通信、数字孪生等应用提供基础。

"更广"体现为 6G 业务范围的扩大和深化。伴随着人类活动空间的进一步扩大，森林、沙漠、高空、太空、远洋、深海等都将成为人类或人类制造的通信节点涉足的区域。当前的 5G 网络难以覆盖全部陆地，而陆地面积只占地球表面积的 29.2%。未来 6G 网络提供的无所不在的通信网络，将支持人类探索这些更为广阔区域的需求，随处可用的通信连接，将为极端地域的科考、巡查、探险等业务提供网络基础。

"更智能"体现为用户的智能需求将被进一步挖掘和实现。除了在物理世界进一步扩展范围，未来 6G 业务还会将边界延拓至虚拟世界，甚至模糊虚拟与现实的界限。5G 时代的技术进步让 AR/VR 业务从有线连接中解放出来，不被线缆和位置束缚，让 AR/VR 得以在更多场景得到应用，比如虚拟导览、工业巡检等，这在一定程度上刺激了 AR/VR 技术和相关设备的快速演进。未来随着 AR/VR 设备便携化，虚拟世界的应用会被进一步推广和普及，用户将会在任何时间任何地点享受完全沉浸的交互式体验，并在人、机、物、灵完美协作的基础上，探索新的应用场景、新的业务形态和新的商业模式。

6G 业务愿景的实现需要创新性的 6G 网络体系架构和各领域相关关键技术的支持。在突破传统通信单一维度发展，进行通信、计算、感知等的协同发展基础上，6G 时代将实现物理世界人与人、人与物、物与物的高效智能互联，以及物理世界与虚拟世界的深度融合，构建人、机、物、灵泛在互联、实时可信、有机整合的数字世界。

第 2 节　全息全感类业务

一、全息全感通信概述

"全息"这一词来源于全息摄影（holography），这一概念和技术于 1947 年由英国的匈牙利裔物理学家丹尼斯·加博尔（Dennis Gabor，1900—1979）提出，加博尔因此获得了 1971 年的诺贝尔物理学奖。全息技术不仅仅是一种技术的发明，更是一种理念的提出，与虚拟现实技术强调通过可穿戴设备在数字空间中产生真实的体验感不同，全息的理念是记录目标物体各个点的光场信息，通过复现光场让用户裸眼看到逼真的虚拟影像，就像身边真实存在的三维物体一样。随着计算机技术的成熟，全息技术研究者们正在努力突破算力、设备和算法的制约，向着最为理想的全息三维显示发展。

"全息"是指物体发出的光波的全部信息，包括振幅和相位。在拍摄全息图像时需要有物波和参考波，从被光源照明的物体经过透射、反射、漫射出来的带有物体信息的光波被称为物波；从光源直接照射到感光片上的光波被称为参考波。全息技术便是通过物波与参考波叠加干涉来记录波的振幅和相位，从而记录物体的全部信息的技术。这一思路被应用到很多其他领域，进而衍生出了不同领域专用的全息技术，比较有代表性的有：声全息、模压全息、红外全息、微波全息、光学扫描全息等技术。这些全息技术在特定领域已成为重要的感知手段，比如声全息技术可用于无损检验，能够显示测试件内部缺陷的形状和大小；微波全息可以作为雷达，用于探测地形或物体等。而在通信领域，则是利用全息在视觉上逼真的感知来获得与物理世界类似的虚拟世界影像。

除了视觉上的全息，人类其他感官也是感知世界的重要方式，并由此产生了全感官类业务需求，即要求支持人的视觉、听觉、嗅觉、味觉、触觉等个体感受信息，这些感受数据可被称为多模态数据，通过人、机、物间对多模态数据的精准传输与交互，形成更加身临其境的交互体验。这些感官数据的采集和复现，离不开一些特殊材料（如柔性电子材料）技术的发展，通过众多轻薄且柔软的可穿戴传感器，采集的信息可以携带更多的感官感受，从而在虚拟空间实现感官信息的记录与传播。这些感官信息可以重构和复现，使虚拟空间产生类似于真实物理世界的感官反馈，进一步拉近虚拟与现实的距离。

这些感官信息是如何获取和进行交互的呢？全感官信息是以感官为媒介，最终在大脑形成感知，实际上在一定程度上可以绕开我们人类的感觉器官直接实现大脑与外部世界或大脑与大脑间的直接通信，这是一种类似"隔空控物""心灵感应"类的交互效果，是一种超越了人类固有感知方式的更加直接的交互体验。这种感官体验是如何得到的呢？脑机接口（brain computer interface, BCI）是实现此目标的关键技术之一。脑机接口最初的发展动因是解决残障人士与外部交互的需求，比如利用脑机接口控制假肢；随着技术逐渐成熟，脑机接口对人体的侵入度得到控制，同时带宽不断提高，这使 6G 时代脑机和脑脑通信业务有机会成为可能，甚至在一定程度上，"心灵感应"将可能变为现实。

全息全感作为信息的感知和呈现手段，需要有适配全息全感通信要求的网络的支持才能实现 6G 全息全感的业务形态。由于人脑对不同的感官输入有不同的反应时间，如人类听觉感受响应时间是 100 毫秒，视觉是 10 毫秒，而触觉响应时间为 1 毫秒。当网络时延超出人类感受的响应时间时，大脑就能感知到延迟，进而影响用户体验。因此全息全感类业务对网络性能要求极高，以时延为例，目前 5G 网络支持的低时延业务，仅无线链路时延就达到 1 毫秒，尚不能支持高质量的全感类业务，因此全感类业务被认为至少要在 6G 时代才能得到广泛支持。

⠿ 二、6G 与全息全感

6G 与全息

如前所述，全息技术是一种利用物波和参考波的干涉和衍射原理来记录物体的反射或透射光波中的振幅和相位信息，进而再现物体真实三维图像的技术。该技术由于记录了目标物体完整的光场信息，因而用户从不同的位置裸眼观察全息影像，都会与观察现实世界的目标物体一样，呈现立体真实的视觉效果。

全息技术的发展共经历了三个主要阶段：传统光学全息、数字全息和计算全息。计算全息不依赖实物而是通过用计算机模拟物体光学分布来制作三维全息图像，这是当前 AR/VR 中视觉 3D 的关键技术。

在 3D 视觉采集方面，当前移动终端（手机）上已经采用了 3D 结构光、飞行时间（TOF）等技术，前者主要用在前置摄像进行 3D 人脸识别，后者用在后置摄像，在动态场景中有较好表现。受限于成本、技术类别、应用场合等因素，不同的全息成像技术对是否需要可穿戴辅助显示设备有不同要求。比如基于 AR 眼镜的全息技术仅展示给佩戴者全息影像，就能满足个人通信隐私性的需求；而裸眼全息对投影设备和现场投影环境要求极高，适用于展览、授课、多人会议等需要公开展示的场景。

在全息投影系统的图像采集和构建方面，为了保证用户从各个角度都能实现高保真全息影像的观看效果，需要实施多点全息影像采集或投影，并且各个投影点间应相互配合。在该场景中，可利用无人机灵活移动的特点，部署少量无人机进行移动采集，实现目标全息影像采集，降低采集成本，同时也可以根据用户的需求进行动态采集。利用无人机进行全息投影或采集可使整个系统的部署更为灵活，缩短全息投影的部署时间。

全息类通信（holography type communication，HTC）是利用全息显示技术捕获处于远程位置的人和周围物体的全息数据，通过网络传输全息数据到接收端，在接收端使用激光束投射等方式以全息图的方式投影还原出远程的实时的动态立体影像，甚至还能够与之进行交互的新型通信方式。全息通信很早就出现在了科幻影视作品中，如 1977 年《星球大战》中的莱娅公主以全息影像出现在通话中。

随着全息技术的发展应用，全息类通信正在从想象逐步走向可能。比如，2017 年美国 Verizon 公司联合韩国电信（KT）通过 5G 网络接通了全球首个 5G 全息国际通话。2018 年华为公司与俄罗斯运营商 VimpelCom 合作展示了 5G 全息通话场景。

2021 年欧洲宇航员在国际空间站进行了双向端到端太空全息通话，

在这次通话演示中，地面上的"全息瞬移"（holoportation）研究团队被全息投影到国际空间站中。

虽然当前在 5G 网络支持下，出现了一些试验性和展示性的全息类通信业务，但是 5G 网络带宽有限，对全息数据的传输通道数量进行了删减，同时对全息数据流进行压缩才能在 5G 网络上承载，使成像质量、信息丰富程度、流畅度、真实度等方面都有一定不足，无法产生完全的代入感和沉浸感，因此全息通信被认为至少要在 6G 时代才会有大规模应用。

6G 与全感

全感通信是指通信过程将携带更多感官感受，充分调动人类的视觉、听觉、嗅觉、味觉、触觉等功能，实现人、机、物间的全感官交互。5G 时代，绝大多数业务都只调动了视觉和听觉这两种人类的感官，6G 时代，随着虚实交互过程中用户对沉浸度和拟真度要求的不断提升，视觉、听觉、嗅觉、味觉、触觉，甚至心情、病痛、习惯、喜好等，都在被研究如何纳入人机或人人交互过程中，这就是"全感官通信"或"全感通信"。要实现全感通信，首要的是进行多感官信息的采集和复现，这是全感通信的基础。

一般来说，人类通过五种感觉（视觉、听觉、嗅觉、味觉和触觉）和四种受体（化学受体、光受体、机械受体和热受体）感知世界。比如，鼻子和舌头通过化学受体接收嗅觉和味觉；眼睛通过光受体接收视觉信息；皮肤通过高灵敏度的机械受体产生触觉，其中最敏感的机械受体存在于内耳毛细胞中，它负责声音的传导；真皮和器官利用热受体检测寒冷和温暖。此外，某些生物物种还可以通过湿度和磁场等感知世界。

全感通信意味着要将五种感官的感受信息从源端传到宿端，为此需要在源端准确采集感受信息，并在宿端准确复现感受信息。

在感受信息采集方面，人类已经有了各种各样的传感器来采集特定的目标刺激。比如视觉方面，人们利用半导体光电探测器（如光电二极管和光电晶体管），可以将光学信号转换为电信号，其最直接的应用便是数码相机。

听觉方面，有研究者利用压电材料作为毛细胞来模拟耳蜗系统制造出"仿生耳"，当膜在亚微米尺寸弯曲时，超薄的压电薄膜产生压电势，可将声音信号转换为电信号。

触觉方面，人的触觉是一种复合感官感受，是对挤压、拉伸、扭曲、压缩等应力及其变化，以及温度、湿度等刺激的综合感知，目前已经研制出了可以感受并复现触觉感的触觉手套。

嗅觉方面，在人类鼻子中，大约有 400 个功能性嗅觉受体形成了一个复杂的嗅觉感知网络，仿照人类鼻子研制的"电子鼻"可以直接检测各类目标物质。

味觉方面，舌头上的每个味蕾由 50—150 个不同的味觉受体细胞组成，可以感知溶解在唾液中的苦、咸、酸、甜等味道，科学家们据此研制的"电子舌"则可感知到味觉刺激。

虽然人类通过仿生技术，制作了比人类感官更敏感的传感器，比如仿生蜘蛛腿部裂缝结构实现对振动更敏锐的感知，仿生制作各种电子鼻、电子舌实现对特定嗅觉和味觉刺激比人类更敏锐的感知等。但是现有的仿生传感器通常针对单一刺激，而人类对全感通信的需求往往需要多传感器协同工作，目前多传感器集成导致的信号干扰，严重影响了人造感官，尤其是触觉、嗅觉和味觉的准确感知，这是目前全感通信面临的巨大挑战。

在感受信息复现方面，需要重现信号并基于人类自身的感受器官实现五感的感知。视觉和听觉是 5G 时代网络业务已经广泛调用的感官，丰富的视听媒体已经极大地丰富了移动互联网的内容和体验。然而如何调用人类的触觉、嗅觉和味觉，让人类获得真实的感知体验，相关的技术还在研究过程中。

其中对触觉信号的感知研究目前已经取得了一定的进展，就像电影《头号玩家》中男女主角在虚拟世界中约会的场景一样，男主角通过佩戴式触觉装置可实现触觉感知。

当前，美国 Meta 公司已发布了肌电手环、触觉手套等通过触觉触发的人机交互工具。其中肌电手环通过手腕位置的应力变化识别手势，而不需要抓握手柄即能够识别用户手势，使双手能够更加自然地完成交互动作，可以有利于完成真实场景中动作的模拟；触觉手套除了采集触觉信号，还能通过气囊施加压力，给用户形成触觉反馈。

除了佩戴式触觉装置，纽约州立大学石溪分校与中国科学院等团队合作研制了可伸缩的压力放大静电驱动器，可以高质量地模拟人体肌肉的运动。这种驱动器由软材料制成，可以产生并承受大约 500 微米的位移和大约 1 兆帕的压力，这些都超过了皮肤触 - 压觉的阈值。驱动器制成的皮肤兼容设备适合于在用户和机器之间建立更有效的闭环触觉通信系统，能够让从机器人一侧获取的表面纹理和物体形状等触觉信息，在皮肤表面产生触觉反馈传递给人类一侧，从而实现双边人机交互。

相较视觉、听觉和触觉是对物理刺激进行感知，嗅觉和味觉的产生则依赖于对化学分子的神经受体，因此要复现嗅觉和味觉，直觉上需要大量不同种类物质融合并要准确配置剂量，难度较大。以复现嗅觉为例，目前复现嗅觉主要用于特定应用，尚未开展一般性应用。比如早期美国军方研制开发了一种可模拟战争气味环境的 DarkCon 模拟器，通过在训练场释放气味，模拟战场中的气味，让新兵更快适应实战环境；再如英国著名虚拟技术开发商 OVR 公司研制了多款 VR 气味模拟器，其在 2022 年发布了嗅觉 VR 医疗平台，专注于心理健康治疗方案，能够模拟大自然场景的气味，起到辅助心理疗养作用；还有广告公司利用物联网技术控制广告牌产生与广告内容配合的气味，形成气味交互。然而这些特定的嗅觉应用产生的嗅觉刺激还很局限，也很难做到快速形成嗅觉刺激，无法跟上虚拟世界中的场景切换节奏等，无法满足未来 6G 全感业务沉浸式体验的要求。

前面提到的听觉、视觉、触觉和嗅觉的感知，都是对相应信号复现后再通过人类感官感知的。除此之外，还有另外一种途径实现感知，那就是不通过人类的感官，而是直接将人工产生的刺激信号传入中枢神经系统，比如脊髓、大脑皮层甚至大脑核团，经过感官脑区处理而产生感官刺激，这属于脑机接口的研究范围。这类脑机接口研究，直接受益的将是因神经通路阻塞而丧失某些感官知觉的人，比如因白内障失去视觉、新冠疫情中丧失嗅觉等。

但目前人们对大脑的工作机制以及脑区对特定感觉的作用还没有完全了解，人工传感器与人类的神经系统连通还没有出现有效的解决方案。2022 年 11 月美国弗吉尼亚联邦大学的研究团队在《电气与电子工程师学会会报》（*IEEE Spectrum*）上发表最新研究，提出通过用人造的神经假体帮助在衰老、创伤中失去嗅觉的人重获嗅觉。该研究中通过电子鼻采集的气味信息，经处理器处理后传入植入人体的接收器，从而刺激嗅觉脑区产生对应的嗅觉，但该研究仍处于早期阶段（图 3-1）。

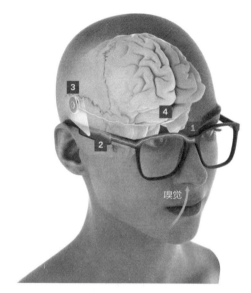

嗅觉

图 3-1　人造嗅觉传感器恢复人类嗅觉原理示意图

来源:《电气与电子工程师学会会报》(*IEEE Spectrum*)

脑机接口是实现全感通信的关键技术之一，下面对脑机接口给出介绍。

脑机接口

脑机接口是在人或动物脑部（或者脑细胞的培养物）与计算机或其他电子设备之间建立的不依赖于常规大脑信息输出通路（外周神经和肌肉组织）的一种全新通信和控制技术。脑机接口中，"脑（Brain）"指有机生命形式的脑或神经系统，而并非仅仅是抽象的"心智（Mind）"；"机（Machine）"指任何实现处理或计算的设备，其形式可以从简单电路到硅芯片再到任何形态的外部设备等；"接口"指用于信息交换的中介，涉及物理介质及接口协议等。

脑机接口的一般原理是利用某种装置解读大脑活动的信息，了解人的意图,然后把意图转化为相应的控制命令,实现与外部设备(如计算机、芯片、体外仿生装置如外骨骼等)的交互或控制。在此过程中,要考虑到外界通过脑机接口或其他途径形成的反馈,因此应看作一个双向交互系统。比如在控制外骨骼的过程中,脑机接口一方面要传输大脑发出的指令,实现对外骨骼的实时控制;另一方面外骨骼也要不断地给脑机接口发送各种各样的反馈信息,让大脑及时调整控制策略,使整个外骨骼得到稳定控制。

脑机接口系统一般包括四个组成部分:信号采集部分、信号处理部分(包括特征提取和特征转换等)、设备控制部分和反馈环节。其中,信号采集部分和反馈部分是影响脑机直接交互效果的关键环节(图 3-2)。

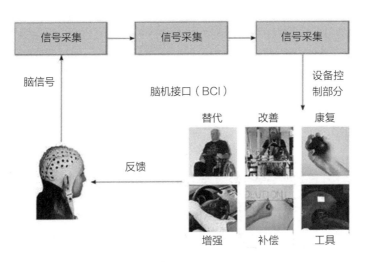

图 3-2 脑机接口系统组成

来源:engineering 网

脑机接口根据是否需要手术和手术影响范围,分为非侵入性、侵入性和半侵入性几类,其中侵入性和半侵入性需要通过手术植入控制装置,前者需要植入大脑,后者需要植入颅内但仅在大脑皮层之外。图 3-3 为不同类型脑机接口及获取的信号强度示意图。

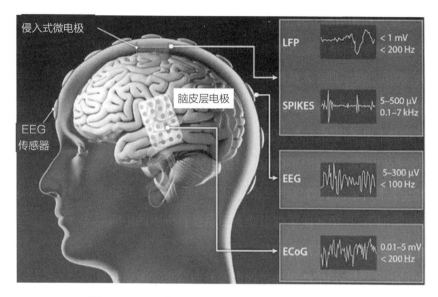

图 3-3　不同类型脑机接口及获取的信号强度示意

来源：深圳市芯智讯文化传播有限公司

其中，非侵入性脑机接口只需要使用电极连接头皮即可获取脑电图（electroencephalogram，EEG）信号，典型的如通过 EEG 传感器；半侵入性脑机接口是将电极植入大脑皮层外（即大脑皮层电极），该方式可获取皮层脑电图（electrocorticography，ECoG），相比 EEG，ECoG 可以获得更精细的信号分辨率；侵入性脑机接口是将电极植入大脑皮层内，形成侵入式微电极，该方式可获取局部场电位（local field potential，LFP）信号，相比 EEG，LFP 更能表征局部的细胞外电压的变化。侵入性脑机接口还可以记录峰电位（SPIKES，即棘波）信息，SPIKES 反映了产生运动命令的单个神经元的活动，因此对于脑机接口系统的控制可能会比 EEG、ECoG 和 LFP 效果更好。

脑机接口作为当前神经工程领域中最活跃的研究方向之一，在生物医学、神经康复和智能机器人等领域具有重要的研究意义和巨大的应用潜力。自 1924 年德国医生汉斯·贝格尔（Hans Berger，1873—1941 年）发现脑电波，针对脑机接口技术的研究开始出现后，科研人员一直在该领域不断探索实践。

近十年来，脑机接口技术得到了长足的进步和飞速的发展，应用领域也在逐渐扩大。脑机接口领域的著名里程碑事件如下。2014 年星球世界杯开场时，下肢截瘫青年借助脑控机械外骨骼完成踢球动作。同年，华盛顿大学研究团队展示了脑脑接口实验，一对受试者中发送端受试者的脑电信号被读取后传给接收端受试者，后者在收到的脑电信号影响下完成发送者预期的动作，不同受试组中准确率最高可达 83%。2016 年斯坦福大学的研究让植入脑机接口的猴子在 1 分钟内打出了莎士比亚的经典台词 "To be or not to be. That is the question"。2017 年脸谱网（Facebook）宣布了意念打字项目，预期实现每分钟打 100 个字，比手动打字快 5 倍。2019 年 Facebook 资助的加州大学旧金山分校科研团队利用深度学习方法从脑机接口的脑电信号直接合成口语句子，实现 1 分钟 150 单词，接近正常人交流水平。2021 年匹兹堡大学等机构联合研制了脑机接口控制的带触觉反馈的机械臂，相较此前的机械臂，拾取物品的用时从 21 秒左右缩短到 10 秒左右。

除了上述研究性成果，脑机接口领域也出现了一些代表性企业，以实现脑机接口技术的大规模推广应用。近年来比较活跃的脑机接口技术公司是美国著名企业家埃隆·马斯克（Elon Musk）创立的 Neuralink 公司，该公司成立于 2016 年，短期目标是帮助治疗阿尔茨海默病和脊髓损伤等神经系统疾病。2019 年该公司宣布采用被称为"缝纫机"的侵入式脑机接口植入技术，并在年底展示了植入 USB-C 有线脑机接口的小鼠。

2020 年升级了蓝牙接口，实现了 5—10 米的无线连接距离，支持手机连接和进行软件升级。同年该公司在线直播展示了大脑被植入脑机接口设备的小猪，其脑部活动信号可以被实时读取。2022 年底该公司公布的最新进展显示，已经能使猴子通过无线脑机接口移动光标进行单词拼写。

与 Neuralink 公司不同，成立于 2012 年的美国 Synchron 公司采用了半侵入式脑机接口，通过颈静脉将脑机接口装置植入大脑运动皮层，不需要开颅手术就能实现植入，该过程更安全，是目前唯一通过美国食品药品监督管理局（FDA）的临床试验许可的永久性植入 BCI 技术。

国内在脑机接口领域也取得了一定突破。比较有代表性的是天津大学在非侵入式脑机接口方面，研究了基于极微弱事件相关电位的新型脑机接口系统，实现了对迄今为止最微弱的脑电控制信号进行准确识别与高效应用。

2014 年天津大学研制了"神工一号"人工神经康复机器人，主要针对中风偏瘫或者截瘫的患者神经通路受阻，大脑指令无法传输到周边神经，无法指挥肢体肌肉收缩产生正常行动的情况。其原理是构建"脑 – 机 – 肌"紧密型的人工神经信息环路，并反复强化从大脑至肌群的正常兴奋传导通路，利用神经可塑性有效地促进原有障碍的运动反射弧的逐渐恢复。此后，"神工二号"在此基础上结合了"互联网 +"技术，进行了临床应用试验，实现了由地方医院康复机器人采集和监测病人数据，传送至天津大学神经工程与康复实验室数据中心，由数据中心实现数据解码与集中处理，并将康复操作指令最终反馈到各地方医院的康复机器人（图 3-4）。

除了康复领域，许敏鹏团队还基于脑机接口技术进行了"意念打字""脑控无人机"等脑机接口应用尝试。这些技术未来可与增强现实或虚拟现实技术相结合，实现基于周围环境的沉浸式操作，用于远程的目

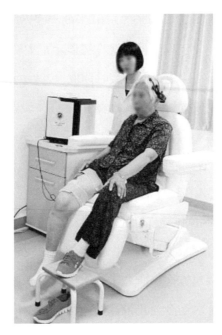

图 3-4 "神工二号"进入临床试用

来源：《中国科学报》

标搜索、环境巡查、异常监控等业务场景。

脑机接口技术被称作是人脑与外界沟通交流的"信息高速公路"，是公认的新一代人机交互和人机混合智能的关键核心技术。脑机接口技术为恢复感觉和运动功能以及治疗神经疾病提供了希望，同时还将赋予人类"超能力"——用意念控制各种智能终端的愿景将成真。

.ıl 三、典型业务及案例

全息类业务

随着网络性能提升和高保真视觉应用不断丰富，6G 时代将从当前以平面多媒体为主，发展为以高保真 AR/VR 交互甚至以全息信息交互为主。高保真 AR/VR 将普遍存在，而全息信息交互也可随时随地进行，从而人们可以在任何时间和任何地点享受沉浸式的全息交互体验，这一业务类型我们称为"全息类业务"。当前全息类业务已经有了一定的试验和试点案例，典型的全息类业务有全息视频通话、全息课堂、全息视频会议、远程全息手术等。

全息课堂应用

目前全息通信已在全息课堂等教育类场景中得到应用，比如 2019 年北京邮电大学和中国联通合作共建了智慧教室，通过"5G+ 全息投影"技术首次实现了跨校区的远程全息互动教学。北京邮电大学的课堂实况以 3D 全息投影形式在不同校区同步进行（图 3-5）。

a 实际课堂　　　　　　　　　　　　b 全息投影课堂

图 3-5　北京邮电大学全息课堂

同年，广东联通与华南师范大学通过"5G+ 全息互动课堂"技术首次在华南地区实现了跨校区远程全息互动直播教学。教师分身跨校区同时授课为扩大优质教学资源覆盖面提供了新的技术途径（图 3-6）。

企业方面，云视图研智能数字技术有限公司团队也发布了全息教室建设白皮书，提供了采集教室和全息教室（还原教室）建设方案。采集

图 3-6　广东联通与华南师范大学的"5G+ 全息互动课堂"

教室集成人像采集模组，通过算法采集并合成教师授课的全息影像，并转换为视频流传递到远端的还原教室；还原教室采用了光学全息成像方法，人像的写实度极高，同时支持更方便的三维互动教学，以往必须通过头戴设备才能看到的三维教学场景，在全息教室中，裸眼就能看见。

全息直播应用

类似全息课堂的全息通信技术，也能服务于电视节目制播，2020年"两会"前受新冠疫情影响，新华社推出了基于5G全息异地同屏的系列访谈节目，让相隔千里之外的嘉宾与记者实现"面对面"实时交流（图3-7）。

全息游戏应用

全息游戏被认为是第四次游戏革命，1991年，世界上出现了第一款使用"全息图"概念的游戏产品《时间旅行者》（*Time Traveler*），该游戏展示了引入全息投影之后画面会呈现的效果（实际并未使用全息技术，而且现在看来画面还很粗糙），自此之后，将全息技术引入游戏场景的愿景就一直存在。比如2009年发行的小说《加速世界》中的 *BRAIN BURST*

图 3-7　新华社"5G 全息异地同屏系列访谈"

来源：新华网

游戏即为基于公共摄像头网络采集到的物理世界数据构建起来的增强现实的虚拟世界，玩家通过搏斗竞技赚取积分，也包括构建军团争夺领地等游戏要素。2018 年上映的电影《头号玩家》中呈现的绿洲游戏则更逼真且超现实地展现了全息游戏会给人带来的体验。但是现实中，受限于全息技术发展，目前真正采用全息技术的游戏并不多。

如果扩宽范围到增强现实类游戏，2016 年发布的游戏《宝可梦 Go》（*Pokemon Go*）可以算作是比较有代表性的一款。它能在真实世界的电子地图上标注各种宝可梦出现的位置，玩家需要移动到实际地标，才能捕捉宝可梦或者开展战斗等或进行其他交互。该交互系统采用了增强现实方式，宝可梦以虚拟形象出现在增强现实的游戏界面中。随着增强现实技术的发展，2018 年 VOXON 在东京游戏展中展示了 VX1 全息显示器在游戏方面的应用。

2020 年 TiltFive 全息游戏桌面发布，可通过特制材质的桌面和 VR 眼镜来实现全息投影。

这种增强现实类全息游戏都是以 3D 影像的形式呈现在现实世界的桌面上，给游戏者一种虚幻加现实的新的游戏体验。如前所述，虽然全息游戏目前正在不断发展中，但尚无网络游戏真正运用全息技术并实现交互。

全息类应用对网络的需求

不同的全息类应用采用不同的成像技术，具有不同的成像质量，对通信带宽的要求也不同。比如入门级点云处理技术要求传输速率达每秒数十兆比特，具有一定沉浸式体验的 3D 场景需要达到每秒吉比特级，而正常人体尺寸的真全息图像传输则需要达到每秒太比特级。以一个全息图像传输业务为例，在像素间距为 0.414 微米的情况下，显示一个 10 厘米 × 10 厘米大小的物体，需要 58G 个像素。如果刷新率为每秒 30 帧，每像素的位深度采用 8 比特量化，则经过全息视频编码压缩后所需的传输数据速率约为每秒 437.5 吉比特，而未经全息视频编码压缩所需传输数据速率约为每秒 14 太比特，若需要传输正常人体尺寸的真全息图像，则需更高带宽。

全息类应用中各部分数据要经过网络传输，形成完整全息图像的不同部分的全息画面可能来自不同的网络传输路径，其距离、延迟和丢包率的不同会导致传输的不同步，传输的不同步会导致各部分全息画面数据到达时间不一致，从而可能使接收端重构的全息图像出现偏移、抖动、拖影或卡顿等现象，甚至出现全息图像变形。一般来说，大于 20 毫秒的延迟对于需要交互的 AR/VR 通信来说是不可接受的，5—7 毫秒是一个理想的临界值。而对具有交互需求的全息通信应用而言，对延迟的要求会更加苛刻，比如加入了触觉感知的全息交互过程，由于人类对触觉的感知分辨率在 1 毫秒左右，因此这一类的全息通信应用对通信时延会达到亚毫秒级的要求。

全息通信对算力也提出了极高要求。对移动全息类通信应用而言，由于要求可穿戴终端小型化和轻量化，以提升佩戴体验，这样就造成可穿戴终端的计算能力和电池容量有限，无法承担高强度的全息图信息解码和重建计算任务。在这种情况下，可以利用边缘计算设施就近提供算力，执行应用需要的全息图像采集、合成与重现等计算任务，并利用 6G 网络提供的超高带宽链路对解码后的大数据流进行可靠传输，以满足全息通信高可靠低时延要求。因此未来移动全息类通信应用对于边缘计算也提出了高要求。此外，全息类通信未来会承载远程会议、远程手术等对隐私和安全极为敏感的场景，因此对网络的安全和可靠性也有更高要求。

触觉互联网

触觉互联网（tactile internet）一词由德国德累斯顿技术大学教授格哈德·费特维斯（Gerhard P. Fettweis）提出。触觉互联网可以定义为一种低延迟、高可靠性、高连接密度、高安全性的互联基础设施。借助触觉互联网可提供远程触觉感受，从而实现对物体或对象进行远程控制、诊断和服务，并实现毫秒级响应。触觉互联网提供了一种新的人机交互方式，在视觉和听觉以外叠加了实时触觉体验，使用户可以用更自然的方式与虚拟环境进行交互操作。因此，触觉互联网是 6G 移动通信的重要应用场景之一。

触觉互联网应用场景

触觉互联网概念的提出，意味着未来通信传递的信息将超越图片、文字、声音、视频，还会传递触觉、味觉甚至情感等，这可以大大提高人类通过网络进行沟通和学习的效率，甚至可以通过脑机接口直接对人体的大脑皮层进行刺激，从而形成物理记忆，带来学习方式的革命。触觉互联网的应用场景会包括：远程机器人控制、远程机器操作、汽车和无人机控制、沉浸式虚拟现实、人际触觉通信、远程手术等。

触觉互联网的核心目标是实现实时触觉交互，由于触觉是抽象感官的数据，要实现触觉的实时交互，需要完成触觉捕捉、触觉信息传递和触觉重现三个关键过程，这也是触觉互联网的核心要素和特征。与听觉和视觉不同，触觉是双向的，即它是通过对环境施加一个运动或力量来形成触觉，并通过变形或反作用力来感知环境。

图 3-8 展示了一种以操控为目的的触觉互联网的端到端网络架构示意图，主要应用场景为远程生产制造、远程手术、沉浸式游戏等。图中所示以进行远程手术为例，包括控制指令的下发流程和反馈流程。在医生远程操控位于远端的手术室或救护车中的机械臂的过程中，不仅医生侧的主控端要采集医生的动作和施力信息，远端机械臂接触患者身体组织形成的触觉信息也需要正确实时反馈到医生手中，以便于医生随时调整动作和施力特征。因此除了触觉捕获和重现这些基础技术，触觉互联网对于网络连接的时延和可靠性有极高要求。

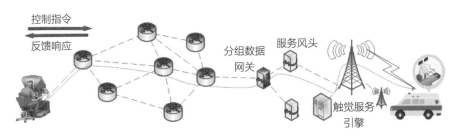

图 3-8 以操控为目的的触觉互联网端到端架构

触觉互联网对网络的需求

在触觉互联网中，当用户与远程环境进行交互时，要求具有沉浸感，这就需要网络在时延、带宽、数据同步等方面达到相应的性能要求。人类触觉在五感中反应最快，如人类手动控制触觉场景并发出预期反应的命令在 1 毫秒内，否则用户会产生类似眩晕的感觉，并且还会导致闭环的远程控制系统失去稳定性。因此，触觉应用要求网络至少应保证小于 1 毫秒的端到端时延需求。

触觉应用中传输的信息常需要同时包括触觉、听觉、视觉等多种感官信息，即便是单纯触觉信息，它对带宽的要求也很高。在不考虑数据压缩的情况下，传输手掌大小的触觉信息所需要的带宽至少为每秒 50 兆比特，像电影《头号玩家》中那样传输全身触觉信息则带宽压力会更大。此外，听觉、视觉和触觉等多维度多模态信息通常来源于不同的采集装置，往往也是经过不同通信路径传输，而接收端时间轴需要保持对齐，才不会引起感知系统紊乱，因此触觉类应用对同步和抖动要求很高，如一些专业场景通信信道之间的时延之差要小 1 毫秒，单信道抖动要小于250 微秒等。

不同的触觉应用对可靠性和安全性要求不同，对于远程手术或涉及其他军事、安全等领域的应用场景，网络不稳定和安全性差可能会给使用者带来很大的损失及安全隐患。所以，对于远程手术这样的典型应用，网络传输的丢包率要求高达 10^{-9}，而目前 5G 高可靠应用要求的链路中断率要求最高为 10^{-7}，等效于一年内中断事件时长不能超过 3.17 秒。考虑到无线信道天然的不确定性，网络的可靠性保证成为实现触觉互联网的重要问题。同时，触觉互联网应使用绝对可靠的安全和隐私保护技术来保障数据传输过程中的安全性和隐私性。由于存在严格的延迟限制，因此安全性必须嵌入物理传输中，即网络应具有内生安全性，并且在理想情况下必须具有较低的计算开销。

全感知类业务

全感知类业务是指信息携带更多感官感受，充分调动人类的视觉、听觉、触觉、嗅觉、味觉等功能，实现人、机、物间的全感官交互的一类业务。5G时代，绝大多数业务都只调动了视觉和听觉这两种人类的感官。随着数字感官以及脑机接口技术的进步，调动人类五种感官，甚至包括心情、病痛、习惯、喜好等个体感受成为可能。而6G通过高带宽、低时延网络能力的支持，有可能满足对时延要求较为苛刻的触觉感知需求。在此基础上，各种与人类生活需求密不可分的新型业务将诞生，如远程就医诊断、远程心理介入、远程手术、沉浸式购物与沉浸式游戏等。

需要调动人类丰富五感的业务统称为"全感知类业务"。前文介绍的全息类业务和触觉互联网业务，分别是强调了全息视觉和触觉对于数字化感知的增强，可以认为是全感知类业务的子集。因此，全感知类业务在对网络的需求上，与全息类通信业务、触觉互联网业务有极高的一致性。同时由于全感知类业务在五感的侧重点上可能千差万别，因此全感知类业务对网络的要求会具有多样性和差异性。

比如对于集成全部五感的沉浸式游戏，为了使操作流畅且令人身临其境，不仅要以亚毫秒的极低时延传递端到端的触觉信号，还要以每秒太比特级的超高带宽传递全息影像和触觉数据，同时对五感信号的多路传输信道的抖动、同步性有极高要求，任何条件不满足都可能破坏沉浸体验，甚至造成扭曲、眩晕等不良反应。而对沉浸式采购鲜花业务而言，嗅觉数据和视觉数据优先级最高；对于餐馆外卖业务，味觉数据优先级最高；对于虚拟音乐会业务，听觉数据优先级最高，等等。因此，网络需要能够智能感知到业务，并根据业务的不同特性和不同需求对不同数据流提供不同优先级的传输服务。

　　除了以上要求，6G 时代全感知类业务不仅仅是使用人造设备和仿生器官进行各类感知信息的采集和复现，由于涉及人类五感信息的采集和重现，很可能会采用植入式人体传感器、纳米机器人以及脑机接口等装置，必须保证其安全可靠地工作。6G 网络必须在强安全性和高可靠性的约束下实现感官数据的获取和重现，以及相关数据的超高带宽超低时延传输。

第 3 节　虚实结合类业务

📶 一、虚实结合概述

　　虚实结合是指利用计算机技术基于现实物理世界生成一个数字化的虚拟世界，物理世界的人和人、人和物、物和物之间可通过数字化的虚拟世界来传递信息，虚拟世界内的人和人、人和物、物和物之间也可以传递信息。简单来说，虚实结合是"虚拟世界"与"物理世界"的交融。虚拟世界是物理世界的模拟和预测，是一种多源多模态信息融合的、交互式的三维动态实景和实体行为的系统仿真，可使用户沉浸到该环境中。虚拟世界可以反映和预测物理世界的真实状态，甚至可以超越物理世界的技术和物理规律限制，达到物理世界无法实现的状态（如反重力、时空穿越等），从而帮助人类更好地提升生活和生命的质量，提升整个社会生产和治理的效率。

　　虚拟现实和增强现实是两类典型的虚实结合技术。虚拟现实是在数字空间创造具有超高逼真度的物体，任何现实中出现过的甚至幻想的对象，都能以数字实体的形态出现在虚拟世界中，做到了虚中有实。虚拟现实也可以自定义物理规律，比如在数字空间创建高达几十千米的大楼等，可以发挥创造的想象力。增强现实是将数字空间中的对象，以一定方式投射到物理世界中，就像现实世界中多了一个物体，直接对现实世界产生影响，实现了实中有虚。

虚拟现实和增强现实常常统称为 XR，对 6G 网络来说，更有探讨意义的是移动 XR，即摆脱了线缆束缚的随处可体验的移动 XR。除此之外，当前较有话题性的场景是数字孪生（digital twin，DT）。简要来说，数字孪生是将物理世界中的事物映射到数字空间形成孪生体，精准反映现实世界中物理实体的真实状态；而元宇宙是人类运用数字技术构建的，由物理世界映射或超越物理世界，并可与物理世界交互的虚拟世界，是拓展出来的一个广义宇宙。

除了"虚拟世界"和"物理世界"交融，6G 时代的虚实结合还表现为：6G 网络在 5G 网络实现的人类社会空间、信息空间、物理空间互联基础上，纳入了意识空间，还将意识加入其中的互动中。这里的意识不仅是指人的意识，更是指借助数字感知和人工智能技术产生的智能体所具有的"灵性"。北京邮电大学张平院士称此类智能体为灵，象征着智慧和智能，因此提出了"5G 是人、机、物之间的通信，6G 是人、机、物、灵之间的通信"。

比如本书第 2 章提到的，灵的一种表现是在虚拟世界中为人类创造一个 AI 智能助手（AIA），它能采集人类的所说、所见、所感与所思，了解与掌握人类的生理和心理特征，并通过人工智能对人类各种行为和思想进行分析，甚至比人类更了解自己，成为这个人的人生"导师"，指导就医、婚恋、职业规划、商务谈判等。类似的观点在一些科幻作品中有更细致和丰富的展现，比如电影《钢铁侠》中钢铁侠托尼·史塔克使用全息界面进行战甲设计和原理验证，设计过程中，他的人工智能管家贾维斯会提供设计指导，之后在战甲的物理生产过程中，也会协助钢铁侠监管物理生产过程。

▂▃▄ 二、6G 与虚实结合

通感一体与虚实结合

"通感一体（integrated sensing and communication，ISAC）"是指将通信技术与感知技术融合，在通信的同时实现对周围环境的感知，从而能够提供更好的服务。与全感知类通信不同，通感一体中的"感"指的不是感官，而是感知能力，包括感知周围的环境、检测物体的运动速度、检测人体的动作、测量人体的温度和呼吸频度与心率等。这种感知技术包含超声波雷达、毫米波雷达和激光雷达等。原来的通信和感知是两套体系，而在通感一体中，感知能力将利用通信设备发射的无线信号来实现，即无线信号在完成通信功能的同时，也用来完成感知功能。通过收集与分析周边环境的反射、散射、多路径传播后的无线信号等，可以分析出周边的环境信息，从而在网络侧可以基于感知信息快速做出决策，包括发出控制指令、触发告警、调整通信速率等，实现通感一体化。

未来移动通信系统将采用更高的频段，如 6G 网络将使用具有更高带宽的毫米波、太赫兹波甚至可见光频段，使用更大规模但体积更小的天线阵列等，这些技术使高精度、高分辨感知成为可能，从而可以在一个系统中实现通信感知一体化，使通信与感知功能相辅相成。

感知与通信从松耦合的两套体系到完全一体化可分为三个阶段。第一阶段是通信与感知共存阶段，此时，通信与感知系统共享硬件资源和频谱资源，能起到有效降低硬件成本、提升频谱效率、简化部署并减少维护问题的作用，但二者之间基本还是相互独立的。第二阶段是通信与感知互助阶段，该阶段实现波形和信号处理的一体化，时域、频域、空域波形和信号处理技术可以组合起来，为感知和通信两个功能服务。第三阶段是通信与感知完全一体化阶段，即通信和感知功能实现硬件设备、频谱资源、波形设计、信号处理、协议接口等的全方位多层次融合，该阶段信息可以跨层、跨模块、跨节点共享，使系统总成本、能耗和规模大大减小，从而实现全网性能的显著提升。

基于通感一体技术，6G 网络相当于自身具备了感知物理环境的触角，能够针对特定业务需求加强感知能力。比如为了得到远端的全息环境信息，可以利用地面基站、空中基站、用户终端等设备在通信的同时进行协作感知，以增强环境感知能力。通感一体技术对 6G 网络本身也有重要意义，可结合感知结果对通信网络进行适应性调整和优化，比如调整毫米波阵列天线的波束方向，使波束指向高优先级用户，为其提供更好的服务。因此具备了通感一体能力的 6G 网络可以提供更多的新型服务，如高精度定位、追踪、生物医学、安检成像、用于复杂室内外环境地图构建的同步定位和地图构建、污染和自然灾害监测、手势和动作识别、缺陷和材料检测等。这些服务可以按功能分成四类：同步成像与地图构建、高精度定位与追踪、人类感官增强、手势和动作识别。

通感一体技术有助于虚实结合类业务的发展。一方面，通感一体功能可以服务于数字空间中虚拟现实的造物构建，比如基于无线信号感知地貌和建筑，可以实现物理环境的 3D 扫描，并且由于无线信号比可见光具有更好的穿透性，因此对复杂建筑物的结构细节能够更准确地探测，能为在数字空间构建数字孪生城市提供有力工具；而 6G 网络的高精度定位和追踪能力可用于同步物理世界和虚拟世界的位置坐标，助力数字孪生体的位置状态更新。另一方面，通感一体功能还提供了人 – 机交互、虚 – 实交互的手段，通过无线信号的感知功能来增强人类感官能力，扩展人类感知的维度，比如在增强现实业务中，可以借助通感一体技术实现查看墙体后管道结构、水压、污染物检测等，这一能力使人类好像具备了"穿墙看物""隔物看物"的能力；再如通过手势和动作识别，可以实现无接触控制家电或智慧屏等"手势操控"能力。

表 3-1 列举了通感一体技术在 6G 中可能的应用场景。

表 3-1　ISAC 在 6G 中的应用场景示例

场景	高精度定位与追踪	同步成像与地图构建	人类感官增强	手势和动作识别
垂直行业	● 远程手术 ● 设备自动安装 ● 动植物迁徙监测	● 高分辨率图像感知 ● 3D 路况成像 ● 作物监测与生产	● 远程手术 ● 污染监测 ● 产品缺陷检测	● 远程手术 ● 自动驾驶 ● 精准机械控制
个人消费者	● 家政机器人 ● 小物件追踪	● 3D 成像	● 墙后水管成像 ● 污染食品检测 ● 热量检测	● 虚拟弹琴 ● 无接触智能家居
公共服务	● 无人机服务员 ● 水文监测 ● 应急疏散管理	● 同步定位与地图 ● 雷达成像 ● 公交监控	● 建筑物裂缝检测 ● 污染物检测 ● 公共环境安检	● 手势控制无障碍设施 ● 危险动作识别

算网融合与虚实结合

数字世界的虚拟空间构筑在海量算力基础上，虽然云计算模式下算力近乎可以无限堆叠，但是云计算中心往往距离用户很远。而虚实结合场景中的各类业务，尤其是触觉类业务，对时延和抖动极为敏感，需要在距离用户近的地方完成计算。但是作为人机界面的终端装置又需要微型化和轻便化，难以承担完整的虚实结合业务的计算任务需求，这就形成了一个计算能力与业务需求间的矛盾。随着 5G 网络与人工智能技术的发展，移动端智能应用不断丰富，用户对近场计算资源的需求不断提升，激发了运营商和服务提供商在靠近用户的位置部署计算资源的实际动力，因此我们看到边缘计算和 5G 往往会一起出现。

在 5G 时代诞生发展的边缘计算，虽然不是直接服务于虚实结合类业务，但虚实结合场景中大量的高精度 3D 模型、空间点云模型等需要高带宽低延时无线网络传输和移动边缘设施的就近缓存，同时 VR/AR 中的密集计算任务部分也需要通过移动边缘计算服务器或集群米进行卸载和协作计算，因此边缘计算是实现虚实结合类业务的关键技术之一。虚实结合类业务，尤其是要求极低时延和抖动的虚实结合类业务，将受益于边缘计算模式。

边缘计算在资源部署模式上与云计算有明显区别，云计算的承载实体是大规模的云计算数据中心，而边缘计算的承载实体是散落在网络中的各类大大小小的边缘计算节点，甚至是分布更广泛、更动态的终端节点。这种多级分布式的算力部署结构，将改变网络的流量流向特征。以往云计算模式下固定指向少数集中式数据中心的数据连接，将变化为终结在各式各样的边缘计算节点，并且随着用户分布的潮汐性变化和业务更替，业务终结的具体位置会具有动态性，这些特性使得算力和通信资源的管理和调度更加复杂。

边缘计算的诞生，一方面满足了新型业务低时延的需求，解决了骨干网络中大量数据传输和处理造成的拥堵问题；另一方面由于多级计算节点遍布网络，改变了网络的流量流向，也导致了通信资源与算力资源的调度难题。如何实现多级资源节点的协同调度与应用的灵活部署，为用户提供一致性服务体验变得至关重要。因此，算网融合概念应运而生，即通信网络与算力协同一体，通过无处不在的网络，将大量闲散的算力资源连接起来并进行统一管理和调度，从而为用户提供统一的服务。未来 6G 网络及业务特性必将需要网络与算力的融合和协作，算网融合被认为是 6G 网络具备的关键特征之一。

目前我国三大电信运营商都在积极布局算网融合发展路径，本书第 4 章将针对算网融合技术给出论述。

语义通信与虚实结合

在虚实结合场景中，大量全息影像、3D 内容需要以极高速率进行传输，对网络可支持的传输速率提出了极高要求。当未来虚实结合业务大规模应用之后，在大量用户共享有限带宽资源的情况下，就不单是考验网络峰值性能，也对用户平均带宽性能形成极大挑战。在通信领域，在信道带宽给定的情况下，数据传输速率是有个理论上限的，这个上限由美国数学家克劳德·E. 香农（Claude E. Shannon，1916—2001 年）在 1948 年给出，被称为香农定理。此后的 70 多年间，这个定理指导着 1G 到 5G 移动通信系统的发展，一代又一代通信人朝着逼近"香农极限"的方向努力。

随着 5G 技术的快速发展，现有通信系统几乎达到了香农定理的极限。很多业内的通信专家也表明"5G 之后无 G"，提出这一观点是因为在点到点传输的信道容量方面已经趋近香农容量限值。在香农定理框架约束内，要让通信系统传输速率更进一步提升，剩下的选择似乎只能是扩展通信频谱和通信带宽，这也是最近毫米波、太赫兹、可见光等频段被研究在移动通信领域应用的背后动机。但即便是毫米波、太赫兹频段本身也是有限的，并且由于高频段无线电波的一些传输特性和高频器件的实现难度，约束了它们的适用场景。此外，随着进入万物感知、万物互联时代，新的生产和生活模式也在不断地崛起中，这些都与70年前的香农时代发生了根本性的变化，于是如何突破香农定理极限成为未来通信领域的主要研究方向。

在此背景下，与香农同时代提出的一些通信理论重新引起人们的重视和思考，其中就包括"语义通信"。语义通信是面向信号语义的通信，其本质是传递由语义符号表达的信息，让接受者秒懂其中的含义。想象一下科幻作品中的"心灵感应"，这是人类对超能力的一种愿景想象，但换一个角度考虑，这其实可以认为是对通信理想的一种诠释，即通信双方想要传达的意思通过心灵感应的方式直接传递，传递过程即刻就能完成。而语义通信和心灵感应的本质相似，都在追求通信双方欲表达的"意思"的保真与传递效率。换句话说，语义通信是一种"达意"传输，是一种低阶的心灵感应方式。

语义通信的相关概念提出是比较早的，早在1948年前后，美国数学家瓦伦·韦弗（Warren Weaver，1894—1978年）与香农共同发表的经典论文中就探讨了语义通信。在这篇论文中，通信被分为三个层次，由低到高分别解决语法问题（即符号的准确传输）、语义问题（即语义信息的准确交互）和语用问题（即信息效用的准确传输）。语义通信即处于第二个层次，是对信息通信本质的深化，将通信从以比特传输为中心（即语法通信），转变为以语义传输为中心。

在韦弗提出这个超越当时时代的概念时，因为技术的限制，早期的通信设备只是信号转换的机器，不具备智能能力，无法表达与理解语义，因此语义通信的概念和思路并没有引起当时人们过多的关注。随着计算和人工智能技术的不断发展，通信设备向智能化发展，通信模式有了新的变化，也使得语义通信的研究与发展有了可以生长的土壤和载体。

随着人工智能在算法、算力、数据方面取得巨大进步，能够提取图像、文本、语音的语义信息，使得语义通信在工程层面成为可能。当前语法通信主要关注比特级符号的无差错传输，并不关注语法符号代表的内容含义。而语义通信因为聚焦"意思"的传达，因此在处理对象、处理方法、先验知识及评估准则等方面与经典语法通信均有重要差异，甚至同一组数据在不同的传输目的或任务下具体的传输内容也不同。先验知识在语义传输中起到了重要的作用，而这一作用是通过语义知识库来完成的。语义知识库是语义传输的基石，通信的参与者需要共享相同或相似的世界观与知识模型，才能实现"达意"传输。

语义通信与虚实结合类应用有着密切联系。一方面，语义通信服务于虚实结合类业务，一般来说，虚实结合场景（如 3D 全息虚拟会议）中有大量异构的全息图像、3D 数据需要传输，这些原始数据量会非常大，对传统通信信道带宽带来巨大的挑战，而语义通信能够通过"取其精华"，大幅缩减虚实结合场景中的通信数据量，从而极大地降低网络传输开销。另一方面，虚拟空间也为语义通信提供了达意通信所必需的共享知识环境，使得语义通信在一定程度上也成为虚实结合的一类应用，即虚拟数字世界形成了连接全世界人、机、物、灵的巨大公共知识库，通信的双方可以基于虚拟数字世界中的共享知识进行语义信息的有效压缩、传输和理解。

设想一个虚实结合类场景，某个无人驾驶车辆在行驶中，位于远程全息驾驶舱的监督员在关注路况及驾驶情况（图 3-9）。

此时，行驶车辆与远程驾驶舱间的语义通信可以主要传输实时路况信息，而行驶途中的环境信息，包括城市密集建筑环境、郊区农田环境、桥梁、红绿灯等背景信息在通信双方之间可以通过共享知识库来共享，并不需要实际传输，由此大大降低了双方传输的数据量。

（a）行驶中的无人驾驶车辆（现实）

（b）远程全息驾驶舱视图（虚拟）

图 3-9　自动驾驶虚实结合场景

来源：贵阳网

　　如果该车还承载了公路路面巡检任务，有摄像头拍摄路面视频信息，这种情况下，按照"语义通信"的理念，也并不需要实时持续传输路面视频信息，只在发现有路面异常时再传输，甚至在人工智能路况巡检、高精地图和定位系统等共享知识支持下，只需要传输包含时间、地点、异常类别的关键性结论信息即可。在远程全息驾驶舱中，可以根据接收到的有限信息及共享知识，实时还原出实际的路面异常场景。

再比如，该自动驾驶车辆到达了某个旅游景点，游客希望在虚拟空间中查看景点实景，此时，"语义通信"可以基于虚拟数字空间中的共享知识，仅传输与共享知识有差异的部分，然后在用户处基于共享知识和差异内容进行全息合成还原景点实景，从而在保真的前提下大幅压缩传输数据体量。

当前语义通信已经成为通信领域研究热点，目前已经取得了一定的进展，但在语义表达、语义传输、知识库的共享和协同更新、安全可信等方面仍然存在很多挑战。

语义表达和传输方面，表达语义的符号可能根据语境的不同具有不同的含义，而语义的语境难感知、难识别，语义内容传递会容易局限在信息传输两端的背景中，给知识识别、处理和传输带来困难。

知识库共享与更新方面，知识的积累和数据的采集需要持续不断地投入，会耗费大量的时间与成本，对于一些寿命较短的设备和机器，维护和更新知识库耗费的通信和存储成本可能无法承受；对于不具有共享知识的情形，语义通信对双方知识库的协同更新能力也有较高的要求，否则在发射端与接收端知识库不一致的情形下，"意思"就无法正确传达，甚至因为"语言不通"无法交流。

安全可信方面，语义的识别需要相应的语境和背景知识，而过多地交流传递语境和背景知识，可能会引起本地知识或隐私数据潜在的泄露风险，造成数据隐私难以保护。

语义通信将是未来 6G 网络的关键技术之一，本书第 4 章将针对语义通信及涉及的关键技术给出论述。

人工智能与虚实结合

2016 年 DeepMind 公司开发的围棋人工智能程序 AlphaGo 战胜围棋棋手李世石，引爆了人们对人工智能的期待，自此之后，人工智能逐渐从实验室走进社会生活的方方面面。中国信息通信研究院在《人工智能核心技术产业白皮书》中指出，当前智能技术正在向更多的行业领域渗透，产业规模化发展的进程正在不断加速。据麦肯锡公司预测，到 2030 年，约 70% 的行业企业将使用人工智能技术，预计为全球增加 13 万亿美元的附加值。在人工智能技术的规模化时代，人工智能将全面深入产业的各个链条、各个环节，由信息构成的数字虚拟世界也将与现实世界实现无缝衔接、互联互通。

人工智能在虚实结合业务场景中涉及各个环节。一方面，利用人工智能技术可将现实物理世界"由实化虚"，全面实现物理世界的数字化；另一方面，利用人工智能技术实现"从虚到实"，让虚拟照进现实，最终人工智能将助力物理世界形成"虚实结合"的全新创新范式。

在"由实化虚"部分，人工智能基于各式各样传感器或视频设备感知到的像素化或点云化的数据，对人、事、物、场景进行模型构造，生成结构化的具有意义的虚拟世界要素，从而提升构建数字世界虚拟空间的效率。在"从虚到实"部分，人工智能已经广泛参与到了生产生活的各个环节，基于虚拟世界中对信息的仿真预测和推演，人工智能能帮助优化现实世界的生产生活业务流程，并反作用于现实世界。此外，人工智能还渗透在"虚实结合"交互工具的构造过程中，如全息影像的显示参数调优、VR/AR 视场内容计算等。

除了构建虚实结合场景，人工智能还是 6G 构建灵维度的关键技术，赋予虚拟对象灵魂。美国人工智能研究实验室 OpenAI 在 2022 年 11 月 30 日发布了全新聊天机器人模型 ChatGPT，当前以 ChatGPT 为代表的大语言模型逐渐刷新了人们对人工智能能力的认知，人工智能已经从程序性工具向着创意性工具演进。比如 ChatGPT 已经能够根据用户指定的线索自动生成细节丰富的小说情节，而关键情节如果需要配上插图，还可以用 Midjourney 等人工智能绘画工具根据题词进行插画创作，人工智能不仅给未来的 6G 业务，更给人类社会带来了无穷创意和想象空间。

三、典型业务及案例

移动 XR

　　无论是文学故事、音乐影视作品，还是电子游戏，人们对"代入感"的追求可以说是与生俱来且无止境。早在红白机电子游戏时代，任天堂在 1984 年发布的《打鸭子》游戏虽然画面和内容都极为简陋，但在 Zapper 光枪提供的持枪射击的场景代入感的加持下，短时间内就成为当时最受欢迎的游戏。

　　随着软硬件技术的演进和升级，具有一定临场感的 3D 电影和 3A 游戏也早已进入大众生活。但是此类内容大部分都依赖昂贵且技术复杂的放映和游玩设备，只能束缚在 3D 影院等特定场所使用，显然无法支撑起构建未来数字世界虚实结合的愿景。

　　2014 年美国谷歌公司推出了廉价的纸盒虚拟现实（VR）解决方案，目的是将已经基本普及的智能手机变成一个可具备"虚拟现实"功能的原型设备。谷歌公司公开了相关设计，任何人只要花 2 美元便可以动手制作 VR 眼镜，力求使人人都能够体验 VR 带来的沉浸体验。除了纸盒 VR 眼镜这类入门设备外，高端的 VR 头显设备也不断取得进步。2014 年 Facebook 公司斥资 20 亿美元收购了 Oculus VR，标志着对 VR 发展前景 的认可。

如果说 VR 是进入虚拟世界的入口，那么增强现实（AR）则是虚实 结合的重要媒介。2012 年借着智能手机和移动互联网发展浪潮，首个基 于安卓移动终端的增强现实游戏 Ingress 发布，这是一款将虚拟环境与现 实地理位置信息结合在一起的手机游戏。该游戏以现实世界为游戏场景， 以电子地图为游戏导航，以发现地标元素与夺旗元素为核心，游戏主要 目标是抢占和守护地标，并获取地标位置处的资源，以便后续抢占更多 地标或换取奖励。该游戏可以视为基于电子地图构建 AR 游戏的"概念 验证"。

如果说该游戏中增强现实的虚拟要素尚不够明显，那么该游戏团队 于 2016 年发布的火遍全球的 AR 游戏《宝可梦 Go》则是真正意义上将 AR 带入了大众用户的视野。《宝可梦 Go》以漫游地图收集宠物小精灵和 派出小精灵进行战斗为游戏核心，在漫游界面以现实世界电子地图为基 础，用户需要走到宠物小精灵随机出现的地点进行抓捕，抓捕过程中的 战斗界面，则会调用相机实景，构建包含了虚拟宠物小精灵的增强现实 界面。

这两款增强现实游戏都以智能手机为界面，对已经成熟的移动互联 网网民来说，这类虚实结合类应用几乎没有门槛。

苹果公司主要从软件层面入手布局 AR 生态，在 2017 年推出了 AR 开发工具 ARKit 后，强大的应用生态使得苹果应用商店（App Store）中 的 AR 应用不断丰富。有些应用是基本的体验性应用，如增强现实拍照应用会在相机画面中增加现实世界中实际不存在的台灯等物件。

有些应用则已经具备了很好的 AR 体验，如 2017 年推出的完成度极高的 AR 游戏《战争机器》(*The Machines*)。《战争机器》游戏利用 AR 技术将机甲战场投射到现实世界的桌面上，玩家需要绕过山丘，钻过山洞，才能看到全息的战场全貌，这款游戏将 AR 技术的仿真度提升到了一个新的高度。

另一款游戏《列车指挥员 AR》(*Conduct AR*)是一款指挥火车与铁路为主题的 AR 游戏，也是将游戏场景投射到桌面上，游戏玩家可以在现实桌面上看到数字的立体场景，并在这个立体场景中指挥火车切换轨道，避免撞车等。这类的 AR 游戏只需一张桌子即可开始游戏，一切都栩栩如生。

除此之外，一些企业也开始在自己的 App 中采用了 AR 技术，比如宜家（IKEA）在 App 中尝试性加入了 AR 技术，用来模拟家具的摆放效果。

虽然以纸盒眼镜和智能手机为终端，普通用户能够体验入门的虚拟现实和增强现实，但是要追求更具有沉浸度的 VR 和 AR 体验，专业的 XR（VR/AR）头显设备（眼镜、头盔）是更好的选择。在高通、微软、Meta 等众多厂商的积极参与下，XR 设备的用户体验已经得到了显著提升，并突破了沉浸感的临界点。在这些高端设备的带动下，XR 应用逐渐摆脱了玩具和消费品的标签，向着生产和服务领域延展。

比如在工业领域，XR 技术应用可以贯穿于设计研发、生产制造、员工培训、维修巡检、售后服务等智能制造的全生命周期；在旅游业，XR 技术可以将历史典故、四季景色转化为虚拟元素，给旅客带来穿越时空一般的沉浸体验，使得即便没有导游解说，游客也可直观感受到景点的历史韵律和四季之美；在服务业，增强现实导航可以广泛应用在大型商超、交通枢纽、景区游览等场景，用户设定好目的地并配合高精度定位技术，就能获得通往目的地的箭头和虚拟地标，极大提升导航信息的直观性和易用性；在零售业，虚拟现实和增强现实让远程试衣、远程看房、远程购物更有沉浸感，用户能更准确地获得目标商品、目标住房和社区的实际体验，从而提升消费满意度。

当前的 XR 终端可以支持通过手柄、语音、手势、面部和眼动跟踪，实现人机交互。近年来，触觉手套、肌电手环、体感衣，以及万向跑步机等具有丰富触觉与动觉的设备也正在蓬勃发展中。当 6G 时代来临时，或许用户有机会体验如电影《头号玩家》中"绿洲游戏"那样的调动人类全感官的虚实结合场景，届时 6G 网络提供的高带宽、低延时和无缝覆盖，将服务于移动 XR 应用，构建随处可用的虚实结合世界。

数字孪生

数字孪生是充分利用物理模型、传感器、实时与历史数据等信息，集成多学科、多物理量、多尺度、多概率的仿真过程，它可以在虚拟空间中构建现实世界中物体的数字映像，从而反映目标物体在现实空间中的全生命周期过程。比如制造业数字孪生应用，在对现实世界中的原始系统进行任何更改之前，可以先对虚拟空间中的数字孪生体进行调整，以查看系统在现实世界中的变化，从而提前解决调整中可能发生的问题。由于数字孪生一般是将现实世界物体向数字空间映射，构建数字孪生体，因此数字孪生是虚实结合中"由实入虚"的典型代表，也被普遍认为是未来 6G 的重要应用（图 3-10）。

数字孪生概念是密歇根大学教授迈克尔·格里夫斯（Dr. Michael Grieves）在 2002 年首次提出的，2011 年前后美国空军研究实验室和美国国

图 3-10　制造领域数字孪生示意图

来源：Noria Corporation

家航空航天局开始利用数字孪生解决航空航天器设计、维护等问题，并认为数字孪生是工业数字化过程中的有效工程工具，并开始利用数字孪生去构建工业互联网体系。2014 年前后，随着物联网、人工智能和虚拟现实技术不断发展，更多的工业产品和工业设备具备了智能的特征，而数字孪生应用也逐步扩展到了智能制造、工程建设、智慧交通、智慧城市、智慧医疗等领域，并不断丰富着数字孪生的形态和概念。

　　在智能制造领域，数字孪生首先可以用于产品设计，一般而言设计产品要经历很多次迭代，数字孪生方式可以直接在数字空间形成原型设计，能快速大量复制，需要调整时也可以随时修改优化，减少了实物原型需要开模制作的时间和成本开销。同时，设计过程中位于不同地点的团队可以在数字空间同步参与，如同现场合作，提高效率并降低了成本。在生产环境方面，当前自动化生产线的集成度越来越高，意外故障发生时可能导致全线停摆，造成巨大损失，对于高温高压的化工生产线甚至会产生严重的安全事故，而虚拟空间的数字孪生生产线能够用于监测生产线的异常事件，及时检查和排除异常因素，可对设备健康度、生产过程进行模拟预测，可以更好地预防异常事件和事故。

在智慧交通领域，数字孪生更将发挥不可替代的作用。基于交通网络数据可以在虚拟空间构建智能交通的数字孪生体，并且借助交通摄像头、路边传感器等交通状况采集设备，能实时持续地更新孪生体的状态信息。数字孪生交通网可以提供当前智能交通系统的全面信息，并能进行交通调度模拟，甚至提出新公交线规划建议等。当前自动驾驶汽车也可以以数字孪生的方式跑在虚拟世界的交通网上，通过数字孪生映射的城市道路数据和模拟的复杂交通场景，让复杂甚至极端的事故场景能够在虚拟世界重现，提升自动驾驶人工智能的训练效率和对各类事故的应对能力。

在智慧城市领域，上海市智慧城市建设工程可以看成是"数字孪生"的典型应用。以上海市长宁区江苏路街道的部署为例，街道内 1000 个摄像头采集的街道视频数据成为构建数字孪生街道的素材，并且和真实街道分秒同步。人工智能能从中迅速识别垃圾暴露、道路积水、车辆违规停放等各种问题，然后立刻派单给一线工作人员进行处理。数字孪生类技术的应用，改变了街道网格管理工作模式，之前的撒网式巡查方式被革新为由人工智能智能搜索、推送并派单的精准化治理方式，提升了基层治理效率。这个例子只是一个小小的数字孪生单元，由一个个数字孪生单元构建起的数字孪生城市，能够利用大数据和人工智能方法，可以让城市管理者突破物理空间的束缚，做出更加精准的决策和部署。

在智慧医疗领域，医疗资源的综合管理可以通过数字孪生实现资源透明度和管理效率的极大提升，如门诊候诊患者可以被更合理地分流，住院患者健康指标可以被持续监测，医院管理员、医生和护士可在第一时间获取患者的身体状态情况，采取医治措施。在患者医治过程中，患者的数字孪生体也可服务于医生医疗方案的决策过程中，比如颅内动脉瘤手术过程非常复杂，手术引起脑出血概率非常大，数字孪生体可以模拟手术过程中的关键步骤和植入物的贴合程度，提高手术成功率。对患者预后以及正常人健康监测而言，当前智能手环、体脂秤等健康装备已经形成了人体常规健康数据的持续监测，而未来纳米机器人、仿生传感器等则能进一步丰富健康数据，让数字孪生人体状态的准确性和实时性更进一步。

如上所述，数字孪生已经在大量行业取得初步应用，它的潜力也被众多行业用户看好。然而，数字孪生作为一种在数字空间中进行的、对现实世界信息进行整合和模拟仿真的手段，其实时性和准确性还是会受到信息采集过程的直接影响。

在呈现方面，为了达到拟真效果，未来的数字孪生体会以 AR 或 VR 甚至全息的方式进行呈现，以沉浸式方式向用户提供直观体验，因此数字孪生业务也会因具体应用场景不同，对网络带宽、时延、抖动等网络性能指标提出差异化要求。比如当虚拟空间内的实体之间交互信息时，若仅传输关键信息，带宽要求可能不高，但如果涉及虚拟空间与现实空间的虚实结合交互时，要投影到现实世界，则可能需要每秒太比特级别带宽和毫秒级别时延。此外，现实中的被孪生对象比如战斗机、高铁等处于高速移动状态的物体，为了能够准确、实时获取其数据，还需要支持高移动性、高带宽和超广覆盖的 6G 网络来传输所采集到的数据。

除此之外，数字孪生通常与自动控制结合形成闭环的管理和控制过程。当前人工智能算法已经成了自动控制的强力引擎，同时人工智能算法驱动的图像处理和模式识别等方法也在数字孪生体构建、状态检测和估计等方面发挥着不可替代的作用。发挥人工智能算法的全部能力通常需要大量计算能力，而 6G 网络需要对此提供全面的算力支持。另外，数字孪生体包含了目标对象的全部信息，比如患者的医疗和健康数据、工业产品的详细参数和设计信息等，这类信息具有高度隐私和机密性，因此数字孪生业务也对网络的内在安全性和隐私保护机制提出了非常高的要求，这些都需要在 6G 时代得到支持。

数字孪生必将是未来 6G 网络的关键应用之一，具有巨大的商业价值，但在数据收集、传输性能和算力满足方面也面临着巨大的压力。

元宇宙

元宇宙（Metaverse）这个词出自美国作家尼尔·史蒂文森的科幻小说《雪崩》（*Snow Crash*）。简明扼要地说，元宇宙是由现实世界和虚拟世界组成的扩展世界，是虚实相融、虚实一体的世界（图 3-11）。

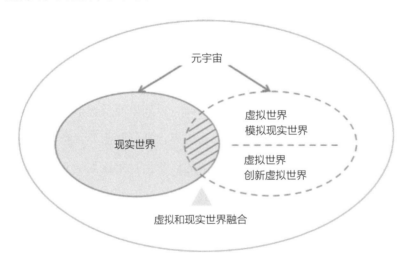

图 3-11　元宇宙与现实世界和虚拟世界的关系

从技术上说，元宇宙是人工智能、物联网、数字孪生、云计算、通信、虚拟现实、增强现实、全息、可视化、可穿戴设备等技术叠加融合的产物。它基于 AR/VR 技术来提供沉浸式体验；基于数字孪生技术生成现实世界在虚拟世界的镜像；基于通信技术实现虚拟世界内、现实世界内，以及虚实之间的交互；基于区块链技术搭建经济体系，将虚拟世界与现实世界在经济系统、社交系统、身份系统上密切融合，并且允许每个用户进行内容生产和世界编辑。数字孪生、AI 原生和虚实结合是其基本特征。在一定意义上可以说，元宇宙一直存在于我们身边，随着技术革新和提升，只是让人类更完整地探索、发现和利用元宇宙。

从内涵上讲，相比移动 XR 和数字孪生应用更偏重于技术内涵，元宇宙这个概念似乎无所不包。狭义的元宇宙是一种基于 AR/VR/MR 的技术升级，整合了数字孪生、内容生产、社交互动、在线游戏、虚拟货币支付等的网络空间；而广义上讲，元宇宙是现实世界与虚拟世界交融后的产物，是现实世界的扩展，现实世界中的经济、社会、文化等属性，在元宇宙中只会更加丰富，并推动现实社会的进一步变革。这种变革有可能和互联网等信息技术改变人类社会和生产方式一样深刻，或许"元宇宙"将成为下一个时代的代名词。

虽然部分观点认为当前元宇宙的商业模式相对于社交媒体和 AR/VR 没有变化的，而且是小众市场，并且部分场景即便在 6G 时代都可能无法满足。但不得不承认自"元宇宙"概念确立以来，全行业和全社会都有了向"元宇宙"靠拢的趋势。在元宇宙真正带来社会变革之前，目前有可能大部分标榜是"元宇宙"的产品或服务还不能称之为真正的元宇宙，或者是旧瓶装新酒，或者是仅仅将其作为商业标签。但是涓涓细流汇江海，在无处不在的量变积累下，质变终将发生，元宇宙或许会在不知不觉间到来。

元宇宙重新定义了人与空间的关系，AR、VR、云计算、5G/6G 和区块链等技术搭建了通往元宇宙的通道，创造了虚拟与现实融合的交互方式，并正在或即将改变和颠覆我们的生活。元宇宙涉及生活的方方面面，应用场景分布广泛，并且元宇宙带有强烈的社会属性，因此连接是元宇宙的要素之一，与通信具有密不可分的联系。

以元宇宙场景中的"面对面"通信需求为例。新冠疫情影响下，人们不得不居家工作，并在线上开展工作和交流。通过全息全感构建的元宇宙，能够让通信双方体验到与现实一致的空间感，使人们的互动方式更加自然。在虚拟和增强现实场景下进行碰面和聚会，能打破屏幕的阻隔感，同时利用虚拟空间协作工具，也能解决目前线上沟通缺少实时互动、沟通效率低下等问题。

新冠疫情期间涌现出了大量的初级元宇宙应用，不少学术讲座、毕业典礼等集会都以元宇宙的方式举行，比如 2020 年人工智能学术会议 ACAI 在任天堂的《动物森友会》上举行；2021 年中国虚拟现实产学研大会（CVRVT）在元宇宙空间召开（图 3-12）；加州大学伯克利分校、中国传媒大学等高校在沙盘游戏《我的世界》（*Minecraft*）中为学生举办虚拟毕业典礼（图 3-13）。

图 3-12　中国虚拟现实产学研大会（CVRVT）开幕致辞

来源：中国虚拟现实产学研大会

图 3-13　虚拟毕业典礼

来源：中国传媒大学

除了满足"面对面"的交互需求，元宇宙虚实结合更是能提供超脱现实世界限制的交互方式，比如教育行业中，元宇宙能使传统教师不再被拘束于教室和现有的教具。通过虚实结合方式，可以让宇宙的产生、生物的演化发展等过程在眼前一一历经，学生甚至能够和秦始皇等历史人物一起看朝代的兴衰，和各个时代的科学家同堂交流，各种创意课堂能够被激发，各处各地的学生可以同步收看，教育资源缺少和不均衡的问题将可得到改善。

比如我国企业推出的"玩学世界"教育平台，这是一种 3D 沉浸式教育平台，通过建立 3D 创作社区、提供 3D 内容体验、支持多人联机社交等来为学生提供一种寓教于乐的教育形式。比如在平台提供的沉浸式 3D 电影中，可以串联中小学语文、英语、数学等各个学科知识点，并参照国家教材标准设计，打造"边玩边学"的学习体验，让孩子爱上学习。

文娱行业中，音乐、电影、游戏等媒介本身就具有超现实性，与虚实结合的元宇宙有极强相互吸引力。人们通过元宇宙能够容易进入创作者和表演者的世界，同时元宇宙的社交属性也改变了内容传递的方式，观众或用户可以成为创作的一部分，比如元宇宙演唱会上千万人互动，沉浸式元宇宙电影和游戏世界中通过观众互动探索影片内容，甚至可以改变影片结局等。

元宇宙这一概念与底层技术还都处于发展初期，很多"元宇宙"内容创作实际上都还在传统的平面 3D 甚至 2D 的数字空间进行，大部分观众是通过各类屏幕进行观看，远远达不到沉浸式体验；而屏幕阻隔和互动方式的约束也限制了元宇宙世界的进一步解放。理想的元宇宙世界需要全息显示、实时交互，甚至五感俱全，这种场景下，单个用户会产生几百上千个并发数据流，单用户的数据流吞吐量可能达每秒太比特级，而交互时延也要小于 1 毫秒，对通信要求达到了极致，需要 6G 甚至更远的通信技术作为基础。

第 4 节　全域通信类业务

一、全域通信概述

经过几代通信技术的发展，全球移动用户渗透率在 2021 年已达到 104.3%，可知很多人使用了不止一个手机号。但是由于技术和经济因素，现有的移动通信网络仅覆盖陆地面积的 20%、地球表面积的 6%，且不同国家和地区，存在着明显的数字鸿沟。随着移动通信系统的服务范围从以人为中心，扩展到了更广泛的物—物通信，通信业务产生的范围也将从人类密集分布区域，扩展到更广阔的海陆空天，以及沙漠、高海拔、灾害地区等极端条件下的区域。这就要求网络不仅仅局限在地面，而是包含空域的三维空间。因此全域通信代表了 6G 移动通信提供涵盖"空天地海"的全球无缝深度覆盖的业务愿景，意味着不论身处何处都能接入网络享受信息服务。

全域通信业务的特点包括泛在连接、深度连接、全息连接和智慧连接。泛在和深度强调的是 6G 网络覆盖的广度和深度，其基础是未来满足全球无死角的 6G 海陆空天立体覆盖的网络；全息强调的是网络带宽和感知能力，一方面是能够承载全息业务，能够基于无所不在的网络设施，提供全息视角，辅助全息感知；另一方面也能为智能连接提供感知基础；智慧是全域通信的技术核心，为了实现网络覆盖的广度和深度、极端条件下通信业务保障和协同感知，通信连接的创建和维护必须具有智能决策能力。

为支持全域通信业务，6G 通信网络将融合多种组网场景，包括物联网、无人机网络、卫星通信网络、海洋通信网络、密集蜂窝网络等多种网络形态。6G 技术会把陆地无线通信技术和中高低轨的卫星移动通信技术及短距离直接通信技术融合在一起，解决通信、计算、导航、感知等问题，组建空、天、地、海都覆盖的移动通信网，实现全球覆盖的高速智能网络。

在关键能力上，全域通信业务将要求 6G 网络关键性能指标达到每秒吉比特级体验速率、千万级连接、亚毫米级时延、7 个 9（99.99999%）高可靠性、厘米级感知精度、超 90% 智能服务精度等需求。这里提到了智能服务精度这个概念，这是针对未来网络提供的人工智能服务而言的，指特定智能服务场景下网络所提供的人工智能服务（如训练、推理、学习等）的精度。由此可知，全域通信业务为了实现向各行各业提供随处可用的全能连接，对网络各方面的能力都提出了很高的要求。

📶 二、6G 与全域通信

　　全域通信业务依赖 6G 空天地海一体化网络的支持。空天地海一体化网络是融合空域、天域、地域和海域的通信技术，所构建的域间具有密切的协同关系；是对多域资源具有一体化调度能力的网络基础设施。空天地海一体化网络能为广域空间范围内的各种网络应用提供泛在、智能、协同、高效的信息保障。由于当前地基网络具有庞大的用户基数以及成熟商用的网络基础设施，因此，6G 空天地海一体化网络会以地基网络为基础，以天基网络、空基网络和海洋通信为补充和延伸，甚至未来会采用统一的空口接入传输技术；会采用统一的核心网、统一的接入认证等技术，来支持一体化建设和运维，避免各域网络"烟囱式"发展。

　　空天地海一体化网络由地基网、天基网、空基网、海基网组成（图3-14）。其中，地基网主要由地面通信设备组成，包括地面的互联网和无线网络设备。天基网主要由各类通信卫星组成，可分为高轨道卫星、中轨道卫星和低轨道卫星。空基网主要由飞行或悬浮在空中的无人机、飞艇、飞机、热气球等组成，这些设备可以为地面或海面用户提供中继服务，将信息转发至天基卫星、远处空中基站或地基网络，是随着无人航空技术发展而新兴的通信技术网络。海基网主要由海上平台、舰船、沿岸基站或水下通信设施等组成，利用贴近海面的无线电波，或者海中声呐、海底光缆等进行远距离通信。

　　这几种网络的发展成熟度参差不齐，目前空基与海基网络的成熟度明显滞后于天基与地基网络。而 6G 空天地海一体化网络是要进一步打破以往各域网络独立发展格局，实现陆、海、空、天各层次网络的高效深度融合，满足远洋活动、空间探测等全域覆盖通信需求。

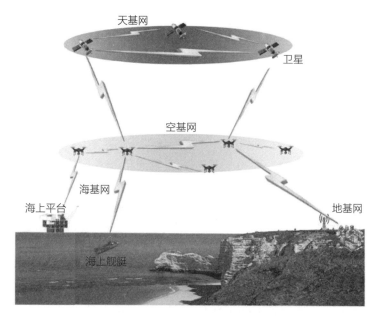

图 3-14　空天地海一体化网络架构示意图

为了实现上述需求,空天地海一体化网络需要突破地面网络在偏远地区、沙漠、海域、空域等的延展性限制,利用天基和空基网络设施构建具有全球尺度的空间骨干网络;为了实现用户在全球任何位置、任何时刻的通信需求,需要具备智能化的空间组网和多维异构资源的动态协作能力以实现全球随遇接入。

空天地海一体化网络是未来 6G 网络的核心特征和变形形态,本书第 4 章将针对空天地海一体化网络及其涉及的关键技术给出论述。

三、典型业务及案例

应急通信

出现重大活动、突发事件或自然灾害时,地面无线通信设施可能由于大量通信业务涌入或设施损毁，显得力不从心或无法继续承担通信任务，这就需要部署或启用额外的通信系统来承担突发情况下的应急通信任务。生活中常见到一些应急通信场景，比如春节期间的车站广场、露天演唱会现场附近停靠的应急通信车，是典型的以扩大容量为目标的应急通信。这类场景中，运营商会根据用户需求和统计数据进行提前规划和部署应急通信设施。而另一种突发应急通信场景，比如在通信故障、大型事故、自然灾害等引起通信设备无法正常工作的应急场景中，如何快速恢复通信，成为应急通信的重要工作。

以往应急通信车和卫星通信是构建应急通信业务的主要网络支持方式，应急通信车具有机动性，开到目标区域后能够承担一定范围内的无线接入服务，在地面骨干网络受损情况下，通信卫星可以为地面应急通信车提供回传链路。但是应急通信车依赖路面交通，在地震等自然灾害造成路面设施损毁严重的情况下，很难迅速到位承担关键时刻的应急通信任务。因此具有高度机动性的空中基站，成为当前热门的应急通信方案。

比如 2021 年河南洪灾导致部分地区地面供电中断或光缆线路中断，致使地面通信手段失效。翼龙 –2H 应急救灾型无人机为 50 平方千米范围内的居民提供了 5 小时稳定连续信号覆盖，打通了应急通信保障的生命线，在抢险救灾中发挥了重要作用。

随着无人机应急通信技术的发展，未来无人机上除了集成基本的基站功能，还会集成边缘云服务器，因此能够部署智能化功能，让空中基站形成自组织、自适应的通信链路优化能力。比如可以根据环境特征和业务需求自适应选择最优回传方式，利用微波回传、中继回传以及卫星回传等，提升应急网络性能和部署效率。再如多个空中基站之间能够借助智能功能进行协同通信，更好地覆盖一大片受灾区域，还可以借助飞行器搭载的服务器提供基础算力，为救灾现场提供应急广播、智能导引功能，助力灾区救援指挥。

除了无人机空中基站，谷歌公司的Project Loon项目中的氦气球基站，曾在2017年向遭遇飓风袭击的美国波多黎各岛提供通信服务。该过程中多个氦气球通过卫星线路，将灾区信号回传到了未受灾的地面网络。而随着低轨道卫星星座的大规模部署，具有全球无缝覆盖优势的低轨道卫星星座，将在应急通信领域发挥重要作用。比如2021年7月德国洪水中，莱茵兰-普法尔茨州监管和服务局表示搭建了数十个卫星天线，通过卫星天线广播的Wi-Fi信号，帮助居民使用星链提供的卫星互联网。

无人机、热气球和通信卫星都有各自的特点。无人机高效及时，能直接提供用户终端接入服务，但提供服务的范围有限；热气球和卫星的覆盖面更大，也更稳定，但需要地面设备配合。未来6G网络中多种技术均可用于应急通信，应急通信关注的主题将从如何实现接入，转移到如何组合使用多种通信技术进行高效的应急通信。

立体泛在通信

以往通信技术发展遵循着"以人为本"的基本规律，比如解决人们迫切的语音、文本、互联网接入等基本通信需求。随着人类活动边界不断拓展，信息化技术对生活生产方式不断渗透，网络的服务范围开始从人类集中分布的城市区域，向着更深更广的区域发展，从生活领域向行业应用扩展。虽然截至 2022 年年底，全球独立移动用户数已超过 54 亿（GSMA 智库《2023 年移动经济发展》报告），但受制于技术和经济成本等因素，只覆盖了约 20% 的陆地面积和小于 6% 的地表面积，尚不能满足未来人们在极地、沙漠、深海、高空、太空等区域随时随处接入网络的需求。

以我国为例,通过多年的网络基础设施建设,我国移动通信网络人口覆盖率接近100%,但大约还有山地、草原、高原、戈壁、沙漠等60%多的国土面积几乎没有移动通信网络覆盖,而这些区域是科研、勘探等重要活动开展的区域。从社会生活的角度来看,随着虚实结合应用的不断发展,基于虚拟现实的无人区探险、远程旅游等活动,将成为6G时代的重要业务,需要立体泛在的通信网络支持。

除此之外,随着我国经济发展和综合实力增强,以及"一带一路"倡议等推进,国家利益显著外延,需要在外交、应急、预警等方面具备全球活动能力。就信息网络而言,需要将服务范围从传统的国土及周边区域向全球扩展,将保障对象从传统的陆地用户拓宽至海上、空基、天基等用户,甚至需要进一步为月球和深空探索提供信息服务能力。

近年来,我国大力推进空间站建设和登月等太空活动,在通信技术方面克服了一些关键技术性挑战。比如2018年"嫦娥四号"在月球背面着陆探测任务中,为了支持登月的着陆器和巡视器在月球背面和两极等对地不可见区域完成探测任务,提前发射了"嫦娥四号"任务的中继星——"鹊桥",这是世界上首颗月球中继通信卫星。"鹊桥"的作用是作为地球和月球之间通信和数据传输的中转站,实时把处于月球背面的"嫦娥四号"探测器发出的科学数据第一时间传回地球,具有重大的科学与工程意义,也是人类探索宇宙的又一成功尝试。

未来我国还将继续推进空间站建设、载人登月、近地行星探测等活动,这些活动在太空领域产生了立体泛在的通信业务需求,需要通信网络提供基础的信息服务保障。

泛在感知

　　未来 6G 将会突破传统移动通信系统的应用范畴，演变成为支撑全社会、全领域运行的基础性互联网络。具备感知能力几乎可以说是提供一切智能服务的前提，如何更高效、更低成本地实现泛在感知呢？本章 3.3.2 节提到了一种将通信技术与感知技术融合的通感一体技术，该技术将在 6G 时代得到充分发展和应用。6G 通感一体技术利用毫米波、太赫兹波等无线信号具有的高指向性和强反射性，使得利用无线信号进行高精度、高分辨率感知成为可能，为借助全球无缝覆盖的 6G 网络进行泛在感知提供了有利条件。

　　具体而言，未来 6G 空天地海一体化网络是一种可以实现全球无缝连接的三维立体网络，再借助通感一体技术，便可以具备全域快速感知、精准定位的能力。6G 通感一体实现的泛在感知能力具备如下特性：

　　①感知范围广域灵活，地面蜂窝网的小范围感知与卫星的大范围感知相互补充，可实现感知范围的扩大，也可灵活调整；

　　②支持高移动性，飞机、高铁等高速移动场景可借助卫星进行感知和精准定位，地铁、汽车等中低速移动场景可将感知任务卸载到地面蜂窝网，缓解卫星压力的同时降低网络功耗；

　　③感知时延随需灵活，可根据不同业务的不同时延需求，将感知任务分发到蜂窝网或卫星网络，实现时延需求与资源使用的均衡。

　　泛在感知能力是实现 6G 网络各类服务的基础，下面以网络 AI 使能、空中基站通信、智慧交通等场景为例进行说明。

　　在 AI 使能场景，考虑到未来 6G 网络结构将会越来越异构，业务类型和应用场景也越来越多样化，充分利用 AI 技术来解决复杂需求几乎是必然的选择。为了能充分发挥 AI 技术的潜能，数据的获取和提供是基础，因此通过网络泛在感知能力实时获取海量数据，可以用来辅助网络 AI 进行更有效的训练和学习，海量感知数据的有效和长期获取将有助于 AI 实现对网络环境、用户分布、业务需求、网络运行状态的感知与预测，从而提供针对性的智能网络服务。

在空中基站通信场景，通信和感知是一对基本功能，能帮助无人机集群编队飞行和规避碰撞；同时无人机感知载荷也能用于在野外森林、盆地、冰川、平原等诸多不适宜以人工方式进行数据收集与监测的场景，进行直接数据采集。通感一体化可极大地精简硬件和节约计算资源，将无人机载荷最小化，增加其机动性、灵活性，降低功耗。另外，随着无人机行业应用市场发展以及相关政策法规的完善，需要对无人机进行有效探测和管控，具备感知能力的 6G 网络可以辅助城市空管系统，监视未经授权的无人机，管理低空飞行器，保证低空交通规模化发展，以确保未来低空应用的安全。

在智慧交通场景，当前毫米波雷达是汽车的一种重要的感知传感器，而毫米波通信也是 5G/6G 采用的无线技术，因此基于毫米波构建通感一体设备，能利用通信信号的传播特性作为构建周围环境的一种数据源，同时能利用毫米波高带宽信道进行大带宽数据传输。通感一体设备的引入，可以实现毫秒级车对车（vehicle to vehicle, V2V）通信，让车辆间实现协作，为自动驾驶汽车的运行控制提供更全面的决策依据。同样，可以引入具有通感一体化能力的路侧单元，可以在车辆编队运行时快速获取多车的运行状态并下发控制信息，使得车辆与路侧单元的端到端通信时延有望降至 10 毫秒以下，V2V 时延有望降至 1 毫秒以下，而通信的可靠性将能够达到 99.999%，为自动驾驶车辆编队控制提供更可靠的服务保障。

──────── 本章参考文献 ────────

[1]Zhao Y, Yu G, Xu H. 6G mobile communication networks: vision, challenges, and key technologies[J]. SCIENTIA SINICA Informations, 2019, 49(8): 963-987.

[2]高上凯. 脑机接口的现状与未来[J]. 机器人产业, 2019, (05): 38-44.

[3]ESMC-国际电子商情. 3D-TOF摄像头成为2020年手机趋势？这些厂商将受益！[EB/OL]. /2023-01-23. https://www.esmchina.com/news/5996.html.

[4]Wu X, Tahara Y, Yatabe R, et al. Taste Sensor: Electronic Tongue with Lipid Membranes[J]. Analytical Sciences, 2020, 36(2): 147–159.

[5]Chen S, Chen Y, Yang J, et al. Skin-integrated stretchable actuators toward skin-compatible haptic feedback and closed-loop human-machine interactions[J]. npj Flexible Electronics, Nature Publishing Group, 2023, 7(1): 1–12.

[6]陈剑波, 郁康锐. 一种可配合内容广告的物联网多路气味交互装置: 中国, CN216083450U[P]. 2022-03-18.

[7]Strickland E. A Bionic Nose to Smell the Roses Again: Covid Survivors Drive Demand for a Neuroprosthetic Nose[J]. IEEE Spectrum, IEEE, 2022, 59(11): 22–27.

[8]Anumanchipalli G K, Chartier J, Chang E F. Speech synthesis from neural decoding of spoken sentences[J]. Nature, Nature Publishing Group, 2019, 568(7753): 493–498.

[9]Flesher S N, Downey J E, Weiss J M, et al. A brain-computer interface that evokes tactile sensations improves robotic arm control[J]. Science (New York, N.Y.), 2021, 372(6544): 831‒836.

[10]2022年脑机接口行业研究报告：关注提升，场景落地，技术迭代[EB/OL]. 知乎专栏. /2023-01-18. https://zhuanlan.zhihu.com/p/571815709.

[11]中国移动通信有限公司研究院. 6G全息通信业务发展趋势白皮书（2022）[R]. 2022: 1‒40.

[12]张平, 李文璟, 牛凯, 等. 6G需求与愿景[M]. 北京：人民邮电出版社, 2021.

[13]Fettweis G P. The Tactile Internet: Applications and Challenges[J]. IEEE Vehicular Technology Magazine, 2014, 9(1): 64‒70.

[14]Steinbach E, Hirche S, Ernst M, et al. Haptic Communications[J]. Proceedings of the IEEE, 2012, 100(4): 937‒956.

[15]Alireza Bayesteh，何佳，陈雁，等. 通感一体化——从概念到实践[J]. 华为研究, 2022: 4‒21.

[16]人工智能核心技术产业白皮书（深度学习技术驱动下的人工智能时代）[R]. 中国信息通信研究院, 中国人工智能产业发展联盟, 2021-4.

[17]Xu X, Wang N, Gao Y, et al. 陆海空天一体化信息网络发展研究[J]. 中国工程科学, 2021, 23(2): 39.

第 4 章

6G 技术

从对 6G 业务愿景的特性分析中，我们可以看到，未来 6G 业务呈现出虚实结合、全息、全感官、沉浸式等特点，这些特性对网络提出了非常高的要求，对通信的速度、广度、时延都提出了很高的要求，尤其是对网络智能化的要求非常高。面对这些需求，有哪些现有的以及新型的网络技术可以满足这些需求？本章对可能应用于未来 6G 网络的部分潜在技术进行阐述。

第 1 节　看不见的无线电波——从 G 到 T

ᴵᴵᴵ 一、从毫米波到太赫兹波

所谓"兵马未动、粮草先行"是指古代战争中粮草是行军打仗的"根本资源"，没有粮草，再强的军事装备和军事力量都难以发挥作用。而移动通信中类比粮草的"根本资源"是无线电频谱，频谱资源是一种我们肉眼看不到的特殊的自然资源，自然是越多越好、越优质越好。那什么是优质的频谱资源呢？在频谱资源中波长越长，频率也就越低，一般来说频率在 30 千赫兹—3 兆赫兹的资源叫中低频资源，中低频频谱穿透性强、传输距离远、覆盖效果好，被誉为通信的黄金资源。然而之所以被称为黄金资源，就在于它的稀缺性，中低频资源经过历代通信技术的开采已经所剩无几，未来我们只能从高频频段中去开采资源。

相对于中低频资源，高频资源穿透建筑物的能力弱，通信距离短，而且高频通信会带来网络部署成本的增加，但优势在于频谱资源丰富，可用频率资源数量会巨幅增加，而且带宽高、方向性好，因此依托现代通信技术可以实现更快的速率和更好的用户体验。好比家中有 2.4 吉赫兹和 5.8 吉赫兹的 Wi-Fi 网络一样，5.8 吉赫兹 Wi-Fi 虽然在卧室、卫生间等隐蔽角落的覆盖不如 2.4 吉赫兹的 Wi-Fi 网络，但能提供远比 2.4 吉赫兹网络更好的上网体验。因此伴随着移动通信从 1G 到 6G，频谱资源也从百兆赫兹级别一路攀升至太赫兹级别。

基于上述分析，使用高频频段资源将是 6G 网络的选择，本文介绍 6G 通信中可能采用的两种重要频段的技术：毫米波与太赫兹波。

毫米波是指波长从 1—10 毫米的 30—300 吉赫兹频段的无线电波，可以实现每秒吉比特级别的峰值吞吐率，其中 24—100 吉赫兹的频段正逐渐在 5G 技术中被商用。虽然 5G 已经将通信频段从 6 吉赫兹以下扩展至毫米波频段，频谱资源未来仍无法满足移动通信日益增长的传输速率需求，预计 2030 年以后 5G 技术将无法继续满足高数据传输速率和极低延迟等需求。未来 6G 网络中的传输速率和用户密度需求预计将是 5G 通信系统的 100 倍甚至更高，其中扩展现实、全感官通信、万物互联等新兴应用服务将需要每秒太比特级别的链路速率。5G 系统无法支持这些需求，原因在于毫米波通信系统有着连续可用带宽小于 10 吉赫兹的限制。因此 6G 网络必须探索更高的频谱资源，引入太赫兹波将是必然趋势，它被业界评为"改变未来世界的十大技术"之一。

太赫兹波是指波长为 3 毫米—30 微米的 100 吉赫兹—10 太赫兹频

段的电磁波，它是无线电频谱的最后一个过渡，频段再高就是光了。由于长期以来太赫兹探测器以及太赫兹源的研发受限，涉及太赫兹波段的研究结果和数据少之又少，因此这一频段又被称为"太赫兹空白（THz gap）"，但是其具备的巨大带宽将可以实现每秒太比特级别的吞吐量。太赫兹频段位于微波和红外光之间的过渡区域内，因此太赫兹波同时具有某些电学和光学的特性（图 4-1）。

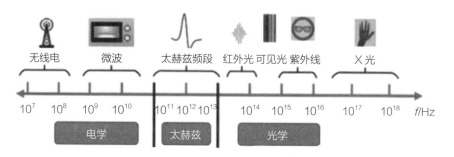

图 4-1　太赫兹波在电磁波频谱中的位置

电学方面，与微波相似，太赫兹波有很强的穿透性，可以穿透多种非导电材料，如服装、纸张、纸板、木材、砖石、塑料和陶瓷等，但是太赫兹波穿透深度通常小于微波的穿透深度。光学方面，与红外线一样，太赫兹波对雾和云的穿透力有限，不能穿透液态水或金属。此外，太赫兹波还可以像 X 射线一样穿透身体组织，但与射线不同的是，太赫兹波是一种非电离辐射，对人体的伤害更小，因此它可以作为医用 X 射线的替代品，不过由于太赫兹波的波长更长，因而其成像分辨率低于 X 射线。

作为电磁波谱最后一块拼图，太赫兹波具有连续可用的超大带宽，将支持超高速率的数据传输，满足超密集设备的连接需求，增强网络连接的可靠性，并支撑高能效的终端网络。因此太赫兹技术的发展及其在 6G 中的应用与挑战已经成为未来通信的一个研究热点。

2017 年 9 月，欧盟开始研究太赫兹通信、可见光通信和后 5G 的 D 波段无线电。2018 年 3 月，我国工信部表示已着手研究 6G，其中，太赫兹无线通信技术与系统是主要研究内容之一。2018 年 9 月，美国联邦通信委员会（FCC）开始对 95 吉赫兹—3 太赫兹频段进行为期 10 年的开放性测试。2019 年 4 月，韩国将研究和开发 100 吉赫兹以上的超高频无线设备列为"首要"课题。2019 年，英国布朗大学已经实现了非直视的太赫兹数据链路传输。2020 年，国际电信联盟（ITU）也启动了对太赫兹的研究。由此可见，太赫兹通信技术已经成为国际通信业的共识。

.ɪɪ 二、太赫兹带来的好处

太赫兹无线传输系统好比在深海中实现开采，相较于浅海虽然开采难度较大，但具有更广阔、更隐秘的探索空间，潜力十足。

首先，由于频率高，可利用的物理带宽宽，因此其传输容量大，比微波无线传输系统高出 1—4 个数量级，可轻易实现每秒 10 吉比特以上的无线传输速率，比当前的超宽带技术快几百甚至上千倍，是真正的"无线光纤"。

其次，抗干扰性和保密性好。太赫兹频段可利用的物理带宽宽，加之大气的严重衰减特性以及良好的波束定向性，因此具有良好的保密性能，安全性高，高价值信息就像活动在广阔黑暗狂野中的忍者，很难被发现及捕捉。

再次，太赫兹波可以有效地穿透等离子体，像钢铁侠穿着钢铁外衣那样保护所传递信息降落到地面。飞行器在大气层中飞行时会遇到一种特殊现象，比如当卫星、航天飞船或导弹等飞行器以很高的速度进入大气层返回地球时，在一定的高度由于飞行器表面热量不易散发，会形成一个温度高达几千摄氏度的高温区，高温区内的气体和飞行器表面材料的分子被分解和电离，形成一个等离子区。该等离子体的存在，会造成飞行器与地面通信的严重失效甚至完全中断，这个现象就叫"黑障"。太赫兹波可以克服"黑障"对传输性能的影响，在卫星通信或一些特殊通信场景下十分有益。

ⅲ 三、太赫兹的传输特性及关键技术

太赫兹传播模型分析

太赫兹传播模型受到如下条件的影响。

信号阻塞

相比于微波，太赫兹的频段要高出 1—4 个数量级。频率的提高使得传播路径损耗明显增大，室外通信在受到雨雾天气影响时也会带来额外损耗，因此太赫兹信号对阻塞的敏感性要高得多。太赫兹通信在很大程度上依赖于视距（line of sight，LOS）链路的可用性，所谓视距链路是指可以无阻挡传输的链路（即通信的两端之间是可以互相"看到"的）。因为非视距（non-line of sight，NLOS）链路的传播特性非常差，很容易被建筑物、车辆、人体甚至树叶阻挡，单次阻塞可导致 20—40dB 的损失。这些阻塞大大降低了信号强度，甚至可能导致连接完全中断。此外，发射机功放功率低、低噪声放大器噪声系数高、高增益天线设计加工难度大等都极大地限制了太赫兹波的传输范围，因此目前太赫兹的典型应用场景主要集中在短距离通信场景。未来太赫兹在 6G 网络中应用，

还需与多天线技术结合，借助极窄波束来克服路径衰落问题，才能扩展传播距离。

大气吸收

电磁波在大气中传播时，其被包括氧气和水在内的气态大分子成分吸收从而造成传播损耗，大气气体造成的共振会导致特定频段电磁波受到分子吸收的影响。当电磁波频率与气体分子的共振频率一致时损耗尤其大，在长距离的传输中，分子吸收损耗甚至会超过传播路径损耗。由于太赫兹波长接近灰尘、雨、雪和大气中的气体分子尺寸，因此雨雪和云雾对太赫兹衰减的影响是不可忽略的，大气吸收造成的这些衰减进一步限制了太赫兹可以传播的距离，减少了太赫兹通信的覆盖区域。

频谱窗口

太赫兹信道中主要噪声源为分子吸收噪声。比如说，很多生物大分子在太赫兹波段都会形成一些特殊的吸收峰，落下所谓电波的"指纹"，利用这些指纹可以来推断物质的种类，因此目前有一些研究在利用太赫兹波做物质鉴定方面的应用。在通信领域，也可以利用这一特性，即由于各类分子的共振频率不同，噪声会存在多个吸收峰值，这就意味着会存在多个处于路径损耗峰值之间的衰落相对平坦的频谱窗口，通信中就可以利用这些频谱窗口进行信息传输。此外，还可以对不同的频谱窗口分而治之，针对不同频谱窗口的特性来设计适用的新型的调制和信道编码。

表4-1分析了0.1—1.03太赫兹频段的频谱窗口及其对应的可用带宽。在不同的频段，频谱窗口大小不一，针对不同频谱窗口，可充分利用衰落平坦的频段来分段制定传输策略，还可以通过智能共享信道技术来实现对太赫兹大带宽、非连续频段的利用。

表 4-1　0.1—1.03 太赫兹频谱窗口及其对应的可用带宽

频谱窗口 / 太赫兹	连续可用带宽 / 吉赫兹	频谱窗口 / 太赫兹	连续可用带宽 / 吉赫兹
0.1—0.2	100	0.49—0.52	40
0.2—0.27	70	0.52—0.66	123
0.27—0.32	50	0.66—0.72	60
0.33—0.37	35	0.72—0.84	142
0.38—0.44	65	0.84—0.94	47
0.44—0.49	56	0.94—1.03	58

闪烁效应

闪烁效应是指电磁波穿过大气层传播时，由于传播介质折射率的快速局部变化（大气湍流）而引起的电磁波相位和振幅的迅速随机波动，温度、压力或湿度的局部变化会导致小范围光束的折射率变化，从而破坏相位波前，导致接收机出现剧烈震荡。此外，接近地球表面的太赫兹波也可能受到大气湍流的影响。目前闪烁效应对太赫兹波的影响仍没有得到很好的建模研究。

📶 四、太赫兹面临的应用场景及挑战

应用场景

大尺度场景

太赫兹可应用于大尺度场景，即传输距离大于 100 米的室外场景，如可以用作移动通信网的回传链路和前传链路，也可以用于车联网络、空间通信等。但如前文提到的，在室外由于太赫兹传播容易受到水蒸气、雨、云雾等因素的影响，链路损耗很大，因此在大尺度场景下应用太赫兹频段，设计时需要预留额外的链路增益。

回传链路指无线接入网连接到核心网的部分，一般来说光纤是回传链路的理想选择，但在光纤难以部署或部署成本过高的环境下，采用无线回传是有益的替代方案。未来超密集网络部署和多点传输协作技术的广泛使用，将需要大容量无线回程链路，此时可以利用太赫兹的高带宽来应用于无线回传链路中。

前传链路指无线接入网中基站的基带单元（BBU）远端射频单元（池连接 RRU）的部分（从 4G 网络开始，将基站分为负责基带处理的 BBU 和负责天线发射的射频拉远单元 RRU 两部分）。前传链路需要极低的时延和较高的前传容量，5G 网络要求前传链路的传输容量要大于每秒 10 吉比特，未来 6G 网络的要求会更高，而太赫兹可以很好地满足这一要求。由于存在极高的传输损耗和器件限制，因此太赫兹在应用于室外回传链路或前传链路时，需要配备高增益指向性天线。

未来车联网将具有广阔的应用场景，也是 6G 网络的典型应用场景之一。未来车与车之间、车与基础设施之间将进行大量的通信，要求自动驾驶 / 无人驾驶汽车具有实时信息服务和大数据批量下载的能力，这对大带宽和低时延连接提出要求。太赫兹可应用于未来车联网中，是支持车联网网络通信的可靠技术，但它仍需要满足车辆调度、自主链路建立、区域间车辆控制切换、地图规划等对通信性能的差异化要求，同时还要实现对太赫兹频谱的有效利用。

面对未来 6G 网络的"天地互联"需求，空间高速信息传输网络将发挥着重要作用。由于受轨道资源和频谱资源的限制，传统的信息传输手段将面临严峻挑战。太赫兹高速通信由于其传播特性适合在无阻挡的空间环境中应用，有望在未来空间的高速信息传输网络中发挥重要作用，应用于星地、星间、空地等高速传输骨干网络中，从根本上解决我国空间信息传输网络中的高速信息传输技术难题，为空间信息服务能力的大幅提升提供有力支撑。

小尺度场景

太赫兹可应用于小尺度场景，即传输距离在 1—100 米的应用场景，一般为室内场景。太赫兹可在小于 100 米的覆盖范围内提供超高速率的数据通信，并实现超高速有线网络与无线设备之间的无缝连接，典型的应用场景包括数据中心内部的网络传输和智慧家庭应用。

传统数据中心内部的网络传输大量使用光纤电缆等有线方式，面临着复杂性、可靠性、功耗、维护成本、空间占用等多方面的挑战。在该场景中，可以引入无线太赫兹链路来提供高速率通信，并在数据中心内提供可重新配置的路由，以增强系统的灵活性，并能在不减少带宽的情况下降低布线成本。

在家庭内部也可以引入太赫兹来实现超高速有线网络与个人无线设备之间的无缝高速互连，如在室内桌面等场景中实现个人设备之间的超高速率数据传输，又如提供太比特级别高清全息视频会议、海量文件内容共享等服务。

微尺度场景

除上述宏观尺度应用外，太赫兹还可应用于微尺度场景，即传输距离在 1 米以内的应用场景，这是太赫兹通信的特色应用。在该场景中可以有效避免由于太赫兹波段高路径衰减和分子衰减所带来的负面影响，能充分利用太赫兹通信的优势。未来 6G 网络"万物智联"的典型应用场景有自助服务机服务、芯片间通信、芯片上通信，以及人体健康监测等。

自助服务机（如 KIOSK 自助设备）是一种由人和机器对话的设备，

用户可以根据自助设备的文字或语音提示进行操作，完成自己想要做的事情。未来自助服务机服务将越来越普及，尤其在火车站、机场、购物中心等公共区域提供服务。该系统要求终端具有高速率数据传输能力，用户与自助服务终端之间的距离通常小于 10 厘米，在进行微尺度通信时，可以使用太赫兹通信技术实现高速传输，此时太赫兹需要满足近距离传输范围和点对点（P2P）网络拓扑要求。

太赫兹也可应用于厘米级别的设备内部芯片间的通信。由于集成电路的发展，单位面积上的芯片越来越多，随着芯片数量的增加，跳数也会大大增加，若全部采用有线的方式，将导致功耗高、时延高。应用无线方式进行芯片间通信和芯片上通信，可减少电路引脚，降低芯片的功耗和时延，有望促进集成电路的进一步发展。通过平面纳米天线，太赫兹可以实现无线片上网络的可扩展形式，创建超高速链路，以满足面积受限和通信密集片上场景的严格要求。

微尺度场景的另一个典型应用是人体健康监测。由于太赫兹具有"指纹特性"，即太赫兹波长与蛋白质、核酸等生物大分子尺寸接近，结合纳米传感器可用来监测人类的胆固醇、癌症生物标志物等，也可用来检测食品安全。还可以通过构造纳米传感器网络来收集有关用户的健康数据，并通过纳米传感器与微型设备之间的无线接口，实现健康数据的上报。与现有伽马射线等健康检测方法相比，太赫兹健康监测具有更高的安全性，对人体的伤害较低。

挑战

缺乏高精确度太赫兹信道模型

高精确度太赫兹信道模型现在尚属研究空白阶段，这是面向 6G 太赫兹无线通信的重要挑战之一。目前太赫兹通信的信道模型研究以室内近距离为主，几乎没有室外长时间、远距离（>1 千米）的实测数据及其信号模型，基于精确信道模型的太赫兹通信组网也缺少公开的资料报道。现有的信道预测方程主要是对太赫兹频段内低频实测数据的简单延伸，暂无高频段（如 140 吉赫兹、220 吉赫兹及以上）长距离实测数据的佐证。远距离太赫兹传播对气候变化、空气成分变化、障碍物微弱运动、多径传输等尤其敏感，但空间的气体成分变化对太赫兹信道的影响目前却几乎没有公开文献报道。未来 6G 星地通信、星间通信如果采用太赫兹频段通信，这是需要解决的重要技术环节。

高功率高效太赫兹源技术尚待突破

如前所述，在国际上太赫兹频段区域被称为"太赫兹空白"，这是因为该频段的源和探测器等技术的发展比别的频段要落后。

太赫兹源功率即太赫兹源发生器的输出功率，一般来说，空间远距离通信应用需要连续波功率一般为 10—100W。当前在 1 太赫兹及以上频段，几乎所有源（包括光学和电子学）的连续波功率都小于 1 瓦，更准确地说是为 10^{-6}—1 W。在 1 太赫兹以下频段，对于单片集成电路和晶体管功率器件，在 100—200 吉赫兹频段连续波功率为百毫瓦量级，300 吉赫兹频段为十毫瓦量级，650 吉赫兹频段为毫瓦量级；对于电真空功率器件，在 100—200 吉赫兹频段连续波功率为十瓦量级，300 吉赫兹频段为百毫瓦量级；对于量子级联激光器（quantum cascade laser，QCL，一种能够发射光谱为中红外和远红外频段激光的半导体激光器），在 4.4 太赫兹频段连续波功率为十毫瓦量级。由此可以看出，当前太赫兹源的技术水平与实际应用需求尚有不小的差距，尚待技术上的突破。

太赫兹源效率即太赫兹的能量转换效率，太赫兹源效率一般来说都特别低，这是因为在太赫兹频段下，常规器件的能量都热损耗掉了，都很低效。如光—波转换效率或波—波转换效率都小于 1%，插头效率小于 0.1%，实际效率为 10^{-6}—10^{-3}，处在一个极低的水平，这样的转换效率几乎难以实现工程应用。

太赫兹天线及快速跟瞄挑战

跟瞄简单来说就是跟踪和瞄准，是空间通信中的重要技术之一。跟踪和瞄准的目的是确保接收端能正常接收信号，就像世界杯的门线技术一样，空间通信需要能够感知到终端和物体才能进行通信。目前大多数太赫兹通信的跟瞄系统（仿真系统）采用机械伺服和喇叭天线、抛物面天线等，这类天线系统体积较大，跟瞄速度较慢，不适合高速移动场景下的通信。因此，为了实现快速跟瞄，需要研究新型超大规模阵列集成天线，这将不可避免地需要解决太赫兹频段低损耗互连、高频器件和芯片、天线阵列互耦误差等挑战性问题。

对信号处理技术的超高要求

针对未来 6G 应用，可能需要每秒 100 吉比特甚至每秒 100 太比特以上的传输速率，如果将数据比作食物、网络带宽比作食道，则太赫兹通信虽然带宽很高（食道容量大），但是对胃器官也提出了更高要求，即对"胃器官"的处理能力提出了高要求，包括超大带宽数模转换和高速基带处理算法等的严峻挑战。

超大带宽数模转换需要解决超高速模数转换（ADC）和数模转换（DAC）芯片的实现问题，高速基带处理算法则需要解决高速并行核心算法问题，包括并行同步、滤波、信道编译码、均衡、调制及超宽带数字预失真技术等信号处理技术。

第 2 节　能听懂的通信——语义通信

一、什么是语义通信

通信是把信息从一个地方传递到另一个地方的过程，传统通信系统包括信源（信息发送端）、信道（信息传输通道）和信宿（信息接收端）三方面。传统通信的理论基础来源于美国数学家、"信息论之父"香农于 1948 年发表的经典信息论著作《通信的数学理论》，该著作中将通信的基本问题定义为：将信息从一个点准确或者近似地复制到另一个点。同时香农在著作中认为"虽然通信系统中传输的信息通常包含一定的语义信息，但是这些语义信息一般受到诸多与通信物理信道及传输技术本身无关因素的影响。因此，为保证信息理论的普适性，在设计和考虑通信的技术问题时，不应当考虑通信的语义问题"。

基于这样的思想，香农经典信息论是以概率论、随机过程等数学理论作为基本研究工具开展通信理论研究的，由此设计出来的传统通信系统也只涉及对语法信息的传输，即将源端信息尽量准确地复制到宿端，而不考虑信息的内容和含义，即不考虑传递的语义信息。形象地说，传统通信系统就像是信息的搬运工，并不关心信息的内容。

既然传统通信系统已经有效运转了几十年，为什么要提出并发展语义通信呢？语义通信是什么？它的理论依据又是什么呢？为了解答这些问题，我们首先分析一下基于经典信息论的传统通信方式目前遇到了什么问题。

对信息传输通道的要求越来越高

进入 21 世纪以来，现代通信技术的发展带来网络带宽的不断提升，但网络带宽的提升远比不上应用对带宽需求的提升。随着未来全感官、全息、扩展虚拟现实（XR）、虚实结合，以及元宇宙概念的逐渐实现和应用，用户流量将呈爆炸式增长，应用增长与资源受限的矛盾将会是长期存在的问题。

尤其对于无线通信技术，在几十年的技术演进过程中，已经逐步逼近经典通信理论的极限，例如当前信源编码技术已经逼近了无失真信源压缩的极限值；LDPC 码和极化码等先进信道编码技术也已经逼近信道容量极限，信道容量已接近香农理论的天花板。而具有更大带宽的太赫兹高频通信还存在器件和技术上的诸多问题难以广泛应用。因此，建立在香农概率论信息基础上的传统通信系统，已很难再有大的突破来适应未来应用的变革式需求，为了应对未来 6G 移动通信的发展，迫切需要技术突破与变革，才能满足对传输带宽和速率的需求。

传递的信息发生了变化

经典信息论以尽量准确地复制并传递信息为目标，不考虑信息的内容和含义。但是回顾一下现实生活中，人类最常用的是自然语言信息，其典型特征是模糊性，如高、矮、胖、瘦、大概、差不多、好看、难受、疼痛、喜欢等。这些语义描述是模糊的，但是人类很容易就能够接受并理解这些信息，也就是说人类使用自然语言交流，不仅仅是为了能让对方"听到"而是能"听懂"，即人类之间信息的传递是一种达意传递，而不是准确传递。

未来 6G 在人、机、物、灵四类通信对象之间会产生大量不同类型的数据，即多模态数据，未来各智能体之间的通信将不再仅仅是传输比特数据，更多地还会出现一些类似人类之间交流的"智能"信息，其关键是使接收方能正确理解发送方的信息内容，而不仅仅是接收到信息，这是一种以实现"达意"为目标的通信。

由于智能任务复杂多变，传递的信息也将随之发生变化，传统通信技术难以完全满足"能听懂"的需求。同时由于传统通信技术注重保证每个传输比特的正确接收，而不关注信息中承载的含义，这种方式会产生大量冗余数据，会造成不必要的通信资源浪费，因此语义通信（semantic communications）就出现了。

那么，什么是语义通信呢？

语义通信是一种全新的通信范式，可将使用者的需求与信息的含义融入通信系统中，从而创建一种万物智联的全新通信网络。传统的通信架构基于单一固化的数据协议与格式，需要将语义信息转化为物理信息，这个过程中存在语义失真的概率。而语义通信则是基于使用者与机器都可理解的普适性语义知识库，不需要进行语义信息与物理信息间的转化，真正实现"透明智联"。同时也可以大大减小在信息转化过程中的时延与失真问题，并提高通信效率，有望成为未来通信技术的新范式，发展前景十分广阔。

语义通信是面向信号语义的通信，其本质是传递由语义符号表达的信息，这些信息能够让接受者秒懂其中的含义。更进一步解释，可以认为语义通信是从信源中提取语义信息并编码，在有噪信道中传输的一种通信方式。即语义通信是基于信息发送端和信息接收端都可理解的语义知识，不需要进行语义信息与物理信息间的转化就能直接进行信息的传递，实现真正的"达意传输"。

实际上语义通信并不是一个全新的概念，其有深厚的理论基础，香农和其合作者韦弗（Weaver）在 20 世纪 40—50 年代发表的经典论文中已经提出了语义通信的概念。他们将通信问题分为三个层面：①语法层面，即如何准确地传输通信符号？②语义层面，即传输的符号如何精确地传达含义？③语用层面，即接收到的含义如何以期望的方式有效地影响行为？

举个简单例子用以说明语法信息和语义信息之间的区别：只关注语法信息而不关注语义信息就好比一个人接收了一个电报，他只是看电报中的文字写的是什么，却忽略了电报信息中所包含的任何语气，如语气是否悲伤、愉悦或者尴尬等。

香农经典信息论解决了上述通信问题的第一个层面，即语法层面的问题，将通信定义为发送端的信息在接收端的精确复现，以准确传输数据为目标，而忽视了数据中承载的信息含义，这正是语义层面的问题。在多年的通信技术发展中，将语义视为不相关不关注的内容，这使得通信技术在研究范畴、研究层次与研究维度方面都存在局限性，从而限制了信息与通信系统性能的持续提升。

基于通信的发展现状和未来需求，目前需要扩展信息通信的研究层次，从语法层面深入语义层面，利用语义信息进行编码、去除冗余数据、减少传输数据量、最终实现达意通信。语义通信将为信息通信系统优化提供新的研究角度，具有重要的变革意义。

ᴵ᷄ᴵ 二、语义通信带来什么好处

如前所述，传统的语法层面的通信要求接收的端译码信息与发送端的编码信息严格一致，即实现比特级的无差错传输。而语义通信与之相反，并不要求接收端的译码序列与发送端的编码序列严格匹配，只要求接收端恢复的语义信息与发送端语义信息匹配即可。语义通信放松了对信息传输的差错要求，即语义信息表征丢弃了原始数据的低级冗余细节，只保留高级别和紧凑的语义信息，这将大大降低对信道带宽的要求，甚至有望突破经典通信的容量极限，解决传输瓶颈问题。语义通信使用最少的资源代价传输最准确的语义信息，将比经典通信系统具有更高的资源利用率，同时对语义信息的直接传输也可以大大减小在信息转化过程中的时延与失真问题，提高通信效率。

另外，语义通信是一种全新的通信架构，它通过采用更具有普适性的信息含义来作为衡量信息通信性能的主要指标，从而打通人与人之间、人与机器之间，以及机器与机器之间智联模式的"壁垒"。具体来说，语义通信将主要依赖于建立在人类用户和机器之间的具备普适性和可理解性的语义知识库，它通过将用户对信息及语义的需求融入通信过程，从根本上解决了此前基于数据的传统通信协议中所存在的跨系统、跨协议、跨网络、跨人机物不兼容和难互通等问题，不再受通信协议、系统接口等的限制，能为建立满足不同类型设备之间互通互联的统一通信架构奠定基础。

因此，语义通信将打破目前人机物智联中因信息模态不一致而导致的不兼容性问题，有望大幅度提高通信效率。同时，由于语义通信以人类的普适性知识和语义体系作为基础，可从根本上保证人与机通信和人与物通信时的用户服务体验质量（Quality of Experience，QoE），真正实现"万物智联"的愿景，即通信网络、计算、存储和终端等不同种类的软 / 硬件设备可以无缝融入人们的生活。

三、语义通信架构

下图是面向 6G 移动通信的语义通信系统架构（图 4–2）。

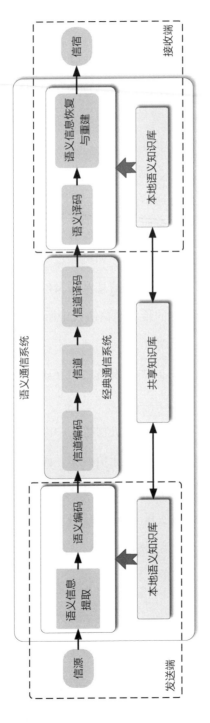

图 4-2 语义通信系统架构示意图

如图 4-2 所示，经典通信系统包括信源、信道和信宿三部分，信源产生信息（一般来说经过信源编码）经信道编码后进入信道进行传输，传输结束后经信道译码到达信宿即完成信息传输工作。与经典通信系统相比，语义通信系统有如下变化：

①在源端（发送端），信源产生的信息首先送入语义信息提取模块，产生语义表征序列，接着送入语义编码器，对语义特征进行编码压缩，然后送入信道编码器，产生信道编码序列，送入传输信道进行传输。

②在宿端（接收端），经过信道译码后的信道输出信号，即输出的译码序列送入语义译码器，将得到的语义表征序列再送入语义信息恢复与重建模块，最终恢复得到信源数据送入信宿。

③在语义编译码过程中增加了与知识库的交互，知识库在语义通信中提供先验知识。发送端进行语义信息提取和语义编码时，需要基于发送端的语义知识库开展工作；接收端进行语义译码、语义信息恢复和重建时，需要基于接收端的语义知识库开展工作；同时为保证发送端和接收端对语义理解的一致性，本地语义知识库还需要通过共享知识库进行同步和更新。

语义通信与经典通信最主要的差异在于增加了对语义的处理环节：

①发送端的语义信息提取模块实现对信源信息语义特征的提取，其方法是基于知识库，并能根据不同的信源冗余信息采用不同结构的深度学习模型来进行语义提取。比如，文本信源采用循环神经网络（RNN）模型；图像信源采用卷积神经网络（CNN）模型、图数据源采用图卷积神经网络（GCN）模型等。

②接收端的语义信息恢复与重建模块实现对信源语义信息的恢复和重建，其方法是基于知识库和深度学习网络，对接收的语义信息进行重

建。若信源具有多模态或异构性，则语义恢复时还需要对多源和多模态数据进行语义综合重建。

③收发两端共享云端知识库，共享知识库可以通过数据驱动的方法赋予各类模型在特定场景下的先验知识。

图 4-3 为跨信息模态进行语义传输的一个示例，发送端想要传输一幅图像给接收端，但它只是将图像的特征提取出来后发送了一段文字形式的语义描述信息，经编码后传输到接收端，接收端通过文本 – 图像生成器，将语义描述文字恢复为图像。从该例中看出，收发图片不完全相同，但在语义上相似。这种图像语义描述信息量显著低于原始图像（因为一段文字所需的传输资源远低于一幅图片所需的传输资源），可以跨越通信链路传输瓶颈，当信道资源非常受限时有意义。

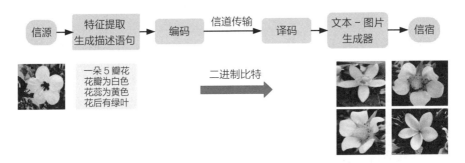

图 4-3　跨信息模态进行语义传输示例图

这一示例表明语义通信系统可通过提取语义信息来表征不同结构或模态（如文字与图像）的数据，可以解决信息的异构性问题，通过充分利用信源特性提取语义信息，以语义失真为失真度量准则，可以极大降低编码速率，提升频谱效率。

这一示例比较特殊，一般情况下发送端若要传输图像，还是会进行图像编码，但由于图像信息中存在较多冗余，可以在进行图像编码时通过提取语义信息，充分利用语义信息来减少冗余，提升传输效率。常用方法是根据不同语义表征的重要性差异，借助人工智能手段（如深度学习模型、注意力机制等）对语义特征向量的重要程度进行分类，采用不同可靠度的差错控制编码进行保护来完成对语义信息的编译码。

　　语义通信本质上也是对所传输信息的一种压缩，但和传统图像压缩或视频压缩方法是不同的，我们进行一下对比。JPEG 是传统静态图像压缩方法，H.264 是传统视频压缩方法。以 H.264 为例，该压缩方法是将视频划分为帧，将一帧再分为若干像素，然后对每个像素的 RGB 分量、灰度、亮度等底层视觉特性进行量化编码，这种编码本质上与图像信源的内容（即语义特性）完全无关，且其码率是均匀分配的，因此会造成大量的冗余。比如将视频划分为帧后，前一帧和后一帧之间，甚至前几帧和后几帧之间都存在着很强的相关性，包括背景、亮度、灰度等都存在大量相同的信息，对它们进行独立编码就会出现大量的冗余，即使经过了传统压缩处理也还是会存在冗余。当大量地传输图像帧时，会给网络带宽带来较大的负担，若网络带宽受限，则会出现严重的丢包现象，导致图像模糊。

　　而图像语义的提取与重建本质上是一个有损压缩问题，不是针对底层视觉特性进行编码压缩，而是采用深度神经网络对语义特性进行提取，并可以直接对失真 - 压缩率函数进行优化，以减少冗余，从而极大降低传输数据量。

ᴠᴀ 四、语义知识库的构建与更新

　　语义知识库是语义通信的基石。语义通信的首要前提条件是所有通

信参与方（包括发送端和接收端）具备相同或者相似的背景知识，其中包括语义实体元素和元素之间的逻辑及推理关系。具体而言，语义通信一般需要具备一个或多个公共语义知识库（即图 4-2 中的共享知识库）。这些知识库中的实体和逻辑关系可以同时被所有通信参与方接收和理解。除此之外，不同用户和设备通信中所使用的知识量还和它们的背景、环境、沟通历史等因素紧密相关，可能存在一定差异。因此，在语义通信中，每个用户还可能自行维护和更新一个私有知识库，用于存储自己或者仅与部分用户共享的私有语义知识和信息。

在知识库的支持下，语义的编译码才能有效和可靠地实现。语义编码在知识库的指导下，对信源中蕴含的语义信息本身进行编码获得语义码，之后通过信道编码方式发送。接收端接收到信道译码后的语义码，再在知识库的指导下经由语义译码获得恢复后的信息。

知识库是一种笼统的说法，是一种对知识的汇总和存储。一般来说知识库的形成有几种途径：一是基于专家经验；二是基于对海量数据训练的结果；三是基于现有知识库的更新。而知识库的表现形式也可有多种，如知识图谱、专家知识系统等。

以知识图谱为例，知识图谱是显示知识发展进程与结构关系的一系列图形，是用可视化技术来描述知识资源及其载体，从而能够挖掘、构建、分析和显示知识与知识之间相互联系的一种技术。知识图谱由若干顶点和顶点之间的边组成，其中每个顶点代表一个语义元素，也称为实体，每条边代表两个语义元素（或两个实体）之间的关联关系。按照知识图谱中从一个顶点 A 到另一个顶点 B 之间所经过的所有顶点和边连接起来形成的路径，即表示在知识图谱中有一条从 A 到 B 所达成的语义路径，此时，这一语义可以由恰当的比特序列来表示，从而可以唯一地辨识语义信息。

语义通信性能在很大程度上取决于通信双方本地及共享知识库的完备性，合理设计语义知识库至关重要。此外，语义知识会随着人类和社会的发展而变化，同时需要考虑语义实体和其他实体间的关系变化，因此如何基于终身学习的概念设计语义知识库的更新机制也需要进一步研究。

▂▃▅ 五、语义通信面临的应用场景及挑战

应用场景

异构物联网信息感知

信息感知是物联网最基本的功能，但目前通过无线传感器网络等手段获取的原始感知信息具有显著的不确定性和高度的冗余性，导致感知设备时刻产生着大量孤立和异构的感知数据，形成"数据孤岛"。同时，由于物联网系统本身的异构性和分布性，如广泛分布的前端感知设备、异构的标准、数据格式、协议等，它们使得感知数据难以被处理、整合和描述。

语义通信技术被看作是解决异构系统集成和协作问题的关键技术。理想情况下，物联网感知设备之间应具备协同通信能力，要求感知设备具有命名、寻址、自动搜索和发现等功能，而语义描述和标记技术是实现上述功能的重要参考。如某个前端感知设备获取的数据往往是针对物理世界中的某个实体的某一属性，但这种单一的数据很多时候并不具有实际意义。而多个感知设备在相同时间相同地点，或者不同时间不同地点所获取的不同数据之间往往会存在某些固有的语义关联性，如时空关

联性、属性关联性和物理连接的关联性等。

物联网感知的原始数据在缺省状态下都具有时间、空间和设备戳，用于表示在特定时间、特定地点在特定设备上所收集的信息。在这些原始数据之外，如何找到数据的关联性就需要语义描述信息和语义协同技术来找到原始数据之间的内在关联性，从而使得原始数据具有意义。语义描述和语义协同技术是实现数据语义挖掘和多模态数据集成、物与物之间或人与物之间信息交互和共享的有效方法。

智慧交通

高德地图联合国家信息中心大数据发展部等机构发布的《2020 年度中国主要城市交通分析报告》指出，国内大约有 59% 的城市在通勤高峰时段处于拥堵或缓行状态。面对愈发复杂的交通环境，传统通过增加人力管理与调度的方式已难以满足当今交通系统对安全、效率和环保的需求。在 6G 时代实现实时、准确和高效的智慧交通系统将是大势所趋。

智慧交通系统的实现，需要融合通信、计算与控制等领域的大量先进技术。其中，利用人工智能算法和计算技术来提取和表示海量交通信息中的语义信息，再对语义信息进行利用，可助力完成智慧交通管理及 6G 无人驾驶应用。语义通信作为智慧交通中感知、监控、调度和分析的基础，是智慧交通系统核心技术前沿发展方向。

室内导航

随着无人机、机器人等终端向着智能化和微型化发展，其应用领域也从室外逐渐向室内拓展。在室外，这些智能终端常用的导航定位系统是全球导航卫星系统（global navigation satellite system，GNSS），GNSS 是指包括美国全球定位系统（GPS）、俄罗斯格洛纳斯（GLONASS）、中国北斗和欧洲伽利略（Galileo）等全球导航卫星系统的统称，GNSS 是决定定位精度的关键性因素。

与室外环境不同，终端在室内场景中运行时，由于建筑物的遮挡，GNSS 信号会严重衰减甚至完全消失，无法提供持续可靠的导航定位信息，因此，室内导航常用的方法是同步定位与地图构建（simultaneous localization and mapping，SLAM）。如智能扫地机器人的视觉传感器能够获取环境的纹理、颜色与大小等特征信息，再利用视觉特征构建出稀疏或稠密的特征地图，无须先验信息就能完成自身位置的解算。在这种场景下，可以利用语义通信技术提取环境中的物体及物体间关联关系的信息，并进行相应的语义信息映射，从而可以极大地提高定位终端对环境的理解能力以及人机交互的智能性。

智能体通信场景

未来的 6G 网络将是具有内生智能性的网络，将有多种多样新型的智能网元或 AI 计算单元作为 6G 网络的组成部分出现。与传统通信网元不同，我们将这些智能网元或 AI 计算单元称为智能体，这些智能体之间的通信不可忽视。如前所述，传统通信技术以香农经典信息论为基础，即保证每个传输比特的正确接收，并不关注信息中承载的含义，这种方式会在 6G 海量智能体通信场景中产生大量数据的冗余，造成不必要的资源耗费。

智能体之间的通信更多的是面向目的的通信，关键是使接收方正确理解发送方的信息内容，从而降低接收方对信息的不确定性，即实现"达意"通信。此时语义通信将发挥重要的作用，语义通信引入语义层次的信息，关注信息内容而非编码符号，迎合了智能体通信的特性需求，符合 6G 的智能化发展需要。

挑战

知识共享问题

我们在日常生活中，常会存在一些沟通方面的问题，比如父母和孩子无法进行沟通并分享心情，从而在交流过程中会造成误会和分歧，这往往是由于父母和孩子缺少共同语言并缺少对事物的共同理解。在语义通信中也存在类似问题，语义通信的首要前提条件是所有通信参与方（发送端和接收端）共享一个或多个普适性的语义知识库，当这一前提不被满足时，语义通信则会出现问题。

一般包含三个层次的知识库共享。第一个层次是发送端和接收端拥有完全一致的知识实体和关系库，这种情况下，双方可以很好地进行全方位沟通交流。第二个层次是在发送端和接收端拥有的知识库不完全一致的情况下，发送端和接收端沟通的内容应该在双方共有知识范围内，换言之，发送端和接收端应当具备知识协同和差异识别能力。比如日常生活中，当成年人在感知到沟通对象是小孩时，可自动缩小所使用的知识库，从而使得成人和小孩子间的沟通更加自然和顺畅，而不仅仅是说教。第三个层次是当发送端和接收端检测到双方具有不同的语义知识实体和关系时，它们之间需要具备知识库协同更新能力，从而达到对知识的共同理解，而不是自说自话，互相不理解。

上述三个层次知识共享的核心是通信各方要具备知识的共享交集。这三个层次的共享均不可能由单一通信方独立更新并维护一个独有的知识库来实现，而需要所有通信参与方共同维护和更新语义知识的相关信息。这种共同的更新和维护不是一蹴而就的，例如，人类知识的积累和识别能力是需要花费数十年的时间来学习、探索和练习的，而对通常仅有几年甚至更短使用寿命的电子设备和机器而言，要在短期内实现强人工智能，且还需要协同维护和更新知识库，这需要花费极大的通信、存储以及计算开销。

语境统一问题

相较于经典信息论，语义信号包含的信息和能够表达的内容更加丰富，不同地域和时间传达与理解的内容也会受各种复杂因素的影响，如一个人的情绪、心境、学识、修养、性格等都会影响要表达的内容，这可以被理解为是语义噪声。但反过来说，若能充分利用语义通信环境和历史数据进行有效学习，在统一的语境下通信，也能帮助通信双方更好地识别语义，实现语义消歧。

例如，在教室里教师与学生之间沟通的语义信息有极大可能局限于课堂知识，那么此时双方的语义信息可以聚焦于课堂语境，而不用考虑菜市场或家庭语境。

因此，语义通信需要通信各方对语境有统一的理解和选择，仅考虑语义通信的内容而忽视通信语境将极大地限制语义通信的知识识别和处理效率。

算力供给问题

语义通信性能与语义编码器和译码器的语义识别能力和处理准确度密切相关。这个过程涉及语义提取与知识学习，以及前面提到的知识库协同更新等，这些都需要高级人工智能技术的支持。目前主流的语义通信需要利用先验知识降低通信成本并提高语义传输成功率，但先验知识的获取本身就需要依赖于人工智能技术，如深度学习等。因此无论是先验知识的获取、还是语义信息的识别和处理，以及知识库的协同更新等，都会造成大量的算力开销，算力的供给问题已成为制约语义通信发展的关键因素之一。

隐私安全问题

语义通信中的发送端和接收端需要持续不断地交换各自所获取和感知到的知识信息从而实现对知识的共享和利用，但很多知识本身就是私密信息，是难以共享的。在语义通信中，主要体现为隐私安全保护与语义通信效率的矛盾和平衡问题，这是未来语义通信需要解决的问题之一，不光是技术问题，也涉及伦理问题。

第3节 会理解的通信——意图驱动

.ıll 一、什么是意图和意图驱动网络

在解释什么是意图驱动网络前，我们先说说什么是意图和意图驱动。《西游记》大家耳熟能详，小时候最羡慕孙悟空有"如意金箍棒"，可以随孙悟空心意任意变化长短粗细。看《西游记》第三回中的描写为：

"悟空撩衣上前，摸了一把，乃是一根铁柱子，约有斗来粗，二丈有余长。他尽力两手挝过道：'忒粗忒长些，再短细些方可用。'说毕，那宝贝就短了几尺，细了一围。悟空又颠一颠道：'再细些更好！'那宝贝真个又细了几分。悟空十分欢喜，拿出海藏看时，原来两头是两个金箍，中间乃一段乌铁；紧挨箍有镌成的一行字，唤做'如意金箍棒'，重一万三千五百斤。心中暗喜道：'想必这宝贝如人意！'一边走，一边心思口念，手颠着道：'再短细些更妙！'拿出外面，只有二丈长短，碗口粗细。"

对着重达 13500 斤（1 斤 =500 克）的定海神珍铁，悟空只说了"再短细些"，这就是一种意图表达，金箍棒理解了这一意图，并根据意图变成了可手握可肩扛的趁手武器，甚至还能变成放进耳朵里的绣花针，这就是一种"意图驱动"。

那我们的网络是否可以像金箍棒一样实现意图驱动呢？也就是说当用户或运维人员把自己的意图告诉网络，网络能够理解意图，并根据意图要求自主制定相应方案并自动执行任务，最后呈现给用户或运维人员所需要的结果。这是一种理想状态的网络，拥有这种能力的网络就叫作"意图驱动网络"，也叫"基于意图的网络（intent based networking，IBN）"。

目前意图驱动网络已经成为国际国内研究的热点之一，各国际标准化组织也开展了意图相关的研究和标准化工作。下面我们给出各国际标准化组织对网络领域中"意图"的定义：国际互联网工程任务组（IETF）对意图的定义为"一种用于运营网络的抽象的高级策略"，这个定义比较抽象，后来又解释为"意图为一组网络运行目标和期望的结果，且目标和结果以声明的方式给出，无须说明如何实现这些目标和结果"；电信管理论坛（TMF）对意图的定义为"提供给系统的所有包含需求、目标和约束的明确说明"；第三代移动伙伴项目组织（3GPP）对意图给出了较为详细的定义，认为"意图通常是人类可以理解的，同时也可以无歧义地翻译给机器；意图专注于描述需要达成什么目标但不关注如何做到；意图和底层系统和设备解耦，即意图可以在不同的系统和设备间灵活移植"。

这些国际标准化组织对意图的定义虽然不同，但异曲同工，我们可以认为网络领域中的意图是指网络中各级用户对网络的一种主观需求，或者期望网络能达到的某种状态，这种需求和期望可以通过各种方式提出，如自然语言、文字、图片、指令等，而具备意图识别和处理能力的网络就叫作意图驱动网络。

从上述定义可知，意图关注的是"要什么"，而不是"怎么做"。用户可以只提需求，不需要考虑网络通过什么途径或技术来满足需求，因此意图驱动网络强调的是要满足用户的诉求，诉求的满足方式对用户来说不可见，即网络对各类用户而言成了黑盒。

发展意图驱动网络的原因

首先还是因为网络规模和网络复杂度的增长，对网络管理提出了挑战。

网络业务量将出现井喷式增长，尤其未来 6G 的全息业务、全感官业务、虚实结合业务等将带来指数级的业务量增长，给网络资源的分配和调整带来前所未有的压力。需要网络能够实时获取并准确预测业务需求和运行状态，并根据需求动态实时优化网络资源分配，以实现网络效益的最大化。

网络业务层出不穷，差异化需求日益明显，需要网络能够快速及时响应各种不同的业务需求和差异化用户需求，在保证业务连续性和稳定性的前提下，满足用户的差异化体验要求，从而实现用户忠诚度和保有率的提升。

上述这些需求的实现，凭借人工静态获取需求并人工生成方案的方式已远远不能满足。用户和业务需求的智能感知和获取、业务的敏捷生成和上线、网络的自动配置优化和修复等，都需要网络能够自动识别各类用户的意图，并基于意图自动生成相应的方案。

想象一下，有个用户习惯在晚上某段时间打游戏，他希望在这段时间内能保障网络的高带宽和高可靠性，提出的需求是"晚上 7—8 点需要保障游戏业务满足 1Gbps 带宽，并不要掉线"，这就是用户的意图。用户提出需求意图后就不管了，网络开始自己忙碌。首先网络将用户需求映射为自己理解的语言，即网络质量需求，一般有相应的模板，如：时间要求、上下行带宽要求、端到端时延要求、接入用户数要求、可靠性要求、抖动要求、流量要求、最大用户并发数要求等；然后将要求发送给相应的管理系统，管理系统会根据要求、当前的各类感知信息，以及先验知识等制定出网络解决方案，如在指定时间段内预留信道资源、分配虚拟机预留计算资源等；最后将网络解决方案以设备能够识别的指令下发至具体的网络设备（如基站设备、核心网设备或边缘计算设备等）；收到指令的设备将根据要求在指定时间段执行资源配置的调整。

这就是意图驱动的网络，在识别用户的主观意图后，不需要人工干预，自行完成网络的配置、优化、故障检测恢复等工作，这将是未来 6G 网络表现出的形态。我们总结一下意图驱动网络的过程和特点：

①意图可通过多种方式或者是多种方式的组合来表达，用户表达的意图可能是复杂的、没有规律的，网络需要识别，也就是说要明白用户"要什么"。

②理解用户意图后需要将意图翻译为网络自己的语言，这一过程叫"转译"，需要用到通信领域的相关知识，还要基于当前的上下文和环境，明确网络要"做什么"。

③转译为网络语言后，网络需要根据需求自行完成网络配置、优化或维护等方案的生成，并验证确保方案的正确性和可行性，即网络要知道"怎么做"。

④网络将"怎么做"的方案下发给具体的执行设备，设备自动执行，实现网络的配置变更、优化或故障恢复，这时候网络实实在在"自己

做"了。

⑤做完还不够，网络还需要自己评估一下"做得好不好"，是否可以交差，也就是通过对自己运行状态或业务服务质量的感知，来验证是否满足了用户的意图需求，如果不满足的话还需要进行纠正。

传统意义来说，意图是人类独有的，是人与人之间最高级最高效的交互方式，当人类把意图能力赋予网络时，意图变为人与机器、机器与机器之间的交互方式，可以说此时的网络已经具备了一定程度的类人智能。

.ull 二、意图驱动带来的好处

通过上面的论述，我们已经了解了什么是意图和意图驱动网络，也了解了意图驱动网络的特点，那意图驱动能为网络带来什么好处呢？我们分析有如下几方面：

①意图的表达形式多样，即使没有任何关于网络的先验知识，也可以完整有效表达出对网络的需求，这种需求的灵活性和适应性，是对传统的需要有专业背景知识的静态固化需求的一大进步。

②网络技术更新换代快，而意图驱动网络对广大用户甚至对网络维护人员而言，都成了黑盒，屏蔽了网络底层技术的复杂性和设备厂商的差异性，使得网络维护人员可以将关注点放在如何提升网络价值上，而不是局限在网络实现技术本身。

③网络将客户意图需求转换为具体的网络性能指标、生成网络配置或变更方案、完成自动部署和执行、自主评估验证等，这一过程是一个自主执行的闭环过程，能最大限度地解除了网络运维对人工的依赖，提升网络的自动化和智能化程度，在提高效率的同时，解放了人力资源，

降低了人力成本。

④达成网络多方共赢。对网络管理员来说，可以更加关注网络服务而不是具体细微的网络配置，使得网络交付更加贴近用户需求。对用户来说，网络可以提供多元的服务和更好的用户体验。对网络服务提供商来说，网络配置和运维工作更加简约高效，且成本更低。

三、意图驱动网络架构及关键技术

意图驱动网络架构

如何实现意图驱动网络？与传统网络相比，对意图的处理是意图驱动网络的重要组成部分，图 4-4 是意图驱动网络的架构示意图，即从网络运转的角度来看，意图驱动网络由意图输入、意图处理、网络决策、决策实施、意图验证与意图反馈环节构成。

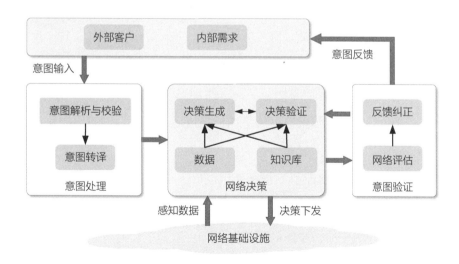

图 4-4　意图驱动网络架构示意图

①意图输入：意图来源于各类用户，包括外部客户（如终端个人客户、垂直行业客户等）和内部需求（如网络运维人员的优化需求等），通过相关媒介（如客户端、用户界面、电话等）给出业务意图。表达意图形式可包括文字、声音、手势等。

②意图处理：实现意图的解析、转译和校验。利用人工智能等技术手段理解用户意图，并将用户意图转化为机器可识别的网络需求。

③网络决策：基于感知的各类网络数据，在知识库支撑下，根据转译后的网络需求生成机器可识别的网络决策方案，并能对网络决策方案进行验证（如通过数字孪生网络进行离线验证等），并能将通过验证后的决策方案下发给网络基础设施。

④决策实施：网络基础设施接收到决策或方案后，按照决策或方案要求具体执行网络的变更、参数调整、故障修复等工作。以 IP 网络为例，目前 IP 网络的决策实施过程大多依赖于软件定义网络（SDN）来实现，这是因为 SDN 的控制器可以收集网络状态信息并控制网络行为，为决策执行和反馈验证提供方便。当网络决策方案下发给 SDN 控制器后，控制器需要把网络决策方案转换为相应的 OpenFlow 流表规则发给交换机路由器去执行，从而实现用户意图。

⑤意图验证与意图反馈：网络执行完成后，基于当前的感知数据进行网络运行质量评估，以评估意图执行效果，若效果不佳可对决策进行反馈纠正，并将意图评估结果反馈给用户。

在这个过程中，与意图直接相关的环节包括意图输入、意图处理、意图验证与意图反馈，中间的决策生成、决策验证和决策下发实施等环节与意图不直接相关，但也是实现意图的必要环节。下面对与意图密切相关的关键技术给出简要介绍，主要包括：意图解析、意图转译、意图校验、决策验证、意图反馈等。

意图解析

系统通过意图接口接收来自用户或其他系统的各种形式的意图。意图的形式多种多样，包括文字、语音、图片、视频等，更高级的意图甚至可以是肢体动作、表情、手势等（随着人工智能的发展，这些并不是不可能）。意图往往是以非结构化形式出现的，也就是说不是机器能够直接理解的，因此第一步首先需要进行意图解析，以便正确识别意图。

意图解析涉及自然语言处理、语音识别、图像识别、视频识别甚至动作识别等技术，往往需要综合多种技术进行处理，最终得到一种相对规范的文字形式，即意图的形式化表达。一般会预设一些模板，并预设规则将语句进行分词处理，最终将各种形式的意图解析为相对固定的语法模板形式，如按照标准汉语的"主谓宾"语法作为分词规则，得到相对规范的意图形式，并进入意图转译环节。

意图转译

经过解析后的意图已进行了语法上的规范化，但还只是人能够识别的内容，网络或系统仍然无法识别，更无法去操作设备以满足意图需求。要将人能够识别的意图转变为系统能识别的意图，就需要进行意图转译，这一环节主要将进行意图语义上的识别。

意图转译环节需要利用人工智能（AI）算法，首先对目标实体进行挖掘，使之与网络的物理网元或虚拟网元对应，其次尽可能将复杂的意图拆分成多个简单意图的集合，然后使用 AI 算法将目标实体与意图映射为预置的意图语义模板。意图语义模板的设定是为了让系统能够获取并识别意图的语义信息，该模板与具体的网络类型、运维需求等相关，需要由专业人员进行预设。或者也可以采用一种更高级的方式，不设定语义模板，而是通过 AI 算法直接将意图映射为网络操作策略，这就涉及两种意图转译思路。

目前意图转译采用的两种主流思路，一种是基于意图域特定语言（domain specific language，DSL）进行建模，另一种是基于语义进行建模。

基于意图 DSL 建模的方法一般是先对意图进行解析，解析过程包含对意图的语法分析、词法分析、实体识别等步骤，并将用户的自然语言映射为特定的意图模板（包括语法模板和语义模板），由于这些意图模板是预设的，系统可以识别这些模板，然后再将其转换为具体的网络执行策略下发到网络中去执行。

基于语义建模的方法一般是利用自然语言处理技术将意图直接翻译成网络执行策略进行下发。比如系统利用语言模型对意图进行词法分析和语法分析，直接挖掘出各个实体，并通过谓词找到各实体之间的关系，之后直接将其转换为执行策略并下发给网络，这是一种端到端的解决方法。

如图 4-5 所示，基于意图 DSL 建模方法在意图与具体策略之间找到了一种"中间态"，即通过预设意图模板，增强了对不同网络领域和不同需求的意图的处理能力，但相比于语义建模方法多了一次转换，可能会造成原意图中信息的损失，这种误差可能会导致后面执行策略生成不准确。

基于语义建模方法是一种端到端解决方案，一步生成策略，在时效性上有优势。但由于端到端的方法直接面对复杂多变的网络和差异化的需求，需要一事一议，影响了每次意图转译的可迁移性和可重用性。

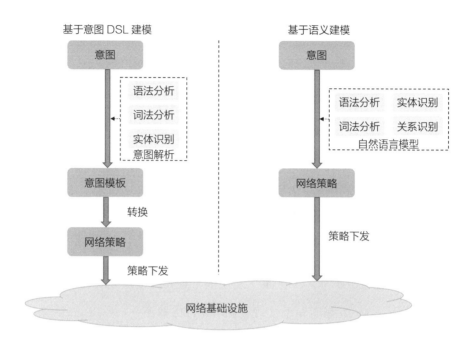

图 4-5　两种意图转译思路

意图校验

意图校验的作用是在进行网络决策前，利用预设的规则对意图进行初步判断，筛查出无法执行的意图、可能引发网络故障的意图、或相互矛盾的意图等。

意图校验过程通常会首先遍历网络数据，确认意图中的目标主体是否可以映射为物理或逻辑网络，若无法映射，则返回意图转译环节，要求对目标主体进行细粒度的拆解或识别，使之可以与网络元素对应。其次，检验意图对目标主体的期望目标是否是可实现的，并将不可实现的意图拒绝并反馈拒绝理由，如意图期望值超过网络能力、多个意图之间存在明显的矛盾和冲突、意图的执行可能引发严重的网络故障等。通过校验的意图即可进入策略生成环节。

决策验证

经过了意图转译、意图校验和策略生成环节后，得到了相应的网络决策，然而这些决策还不能直接下发到实际的网络中。为了确保网络整体运行的安全可靠，必须在决策下发之前对其进行可执行性验证。目前，对于网络决策的可执行性验证主要考虑资源的可用性、决策的冲突性以及决策的安全性这三个方面。

针对资源可用性验证，需要对当前的网络状态进行感知，并维护一个网络状态信息数据库。在决策下发之前，查看当前决策所需的网络资源是否可用、是否足够，从而实现资源可用性的验证。

针对决策冲突性验证，根据决策的适用域和决策执行的动作主要有如下几种决策间的冲突关系：冗余（redundancy）、覆盖（shadowing）、泛化（generalization）、相关（correlation）和重叠（overlap）。如果检测到待下发的决策与网络中现有的决策之间存在上述冲突，则需要进行冲突的消解。目前，冲突消解方法主要通过设置优先级的方法来消除一些优先级低的决策。但通过设置优先级的方法消解冲突还存在一定的局限性，如简单、可扩展性较弱等，未来还需要开展进一步的研究。

针对决策安全性验证，需要基于感知信息进行决策的风险评估和验证，这是意图驱动网络中十分重要的环节，它关系到网络的稳定程度和安全程度，确保用户意图可以在不破坏网络正常安全运行的前提下正确地在数据层面实现。

通过验证后的网络执行决策方案即可下发给相应的网络来具体执行。

意图反馈

在网络决策下发到实际网络并完成实施后，需要对网络的状态信息进行实时监控，以判断网络的运行行为是否符合用户意图，并将对用户意图的满足程度以适当的方式反馈给用户。在意图执行过程中，由于网络状态是不断变化的，执行之初的网络状态与运行过程中的网络状态可能存在不一致，因此意图驱动网络还需要能够自动地根据期望达到的状态以及当前的网络状态对网络决策进行适当的优化与调整，保证网络能够满足意图需求。

四、意图驱动的应用场景及挑战

应用场景

目前的网络管理和控制策略尚不能自主辨识用户的业务意图并迅速生成网络调整或优化决策以满足用户高质量细粒度的体验要求。语义相关技术是实现意图驱动网络的关键，网络利用语义智能可以辨识用户意图，同时确保意图在网络中贯彻实施。得益于近年来深度学习的最新进展，尤其是在自然语言处理（NLP）等领域的应用，精准的意图识别和理解已成为可能。

意图在 6G 网络时代应用场景将更为丰富。

自动驾驶网络（自智网络）场景

如同未来无人驾驶时代的出租车司机，网络工程师在 6G 时代是否也能"解放双手"实现网络的"自动驾驶"？6G 网络致力于实现网络的自动驾驶，因此也被称为自动驾驶网络，为了与汽车的自动驾驶相区别，通信业内也将具有这种能力的网络叫作"自智网络"。

自智网络是一种能以自动化智能化的方式感知、测量、分析和控制自身的网络，是能够对环境（包括网络运行环境和用户需求等）的变化迅速做出反应，并自主实现调整和优化的网络。自智网络的实现需要具有意图深度挖掘能力、网络状态全局感知能力、网络配置实时优化能力等。具备意图识别和解析能力是实现自智网络的重要环节。

如同汽车从已实现的领航辅助等基本驾驶辅助功能向不需要方向盘的全自动驾驶演进一样，较低级别的自智网络也在向更高级别的自智网络演进。目前一些较低级别的自智能力，如实现网络故障的主动识别及自动恢复等，在 5G 网络中已逐渐具备。更高级别的自智网络能力，如全面理解人类的意图，实现网络的全面的自配置、自优化和自治愈，满足用户零接触、零等待、零故障的客户体验愿景等，将在 6G 网络实现。

网络自动测量场景

对网络的各类运行数据进行测量和获取是充分感知和了解网络的必要途径。目前，网络运营商采用了多种方法对复杂网络进行各种特征化和量化运行指标的测量，其中主要的测量手段包括 SNMP、Ping、Traceroute、探针等工具。SNMP 是传统网络管理接口采用的协议，Ping 和 Traceroute 是可以测量部分性能指标的网络指令，探针是通过额外部署设备从而主动获取网络运行数据或流量的方式。这些方式基本都是通过静态的提前配置来进行测量，具有人工成本高、出错概率大、运维方法落后、管理效率低等问题。

将意图用于网络测量将使得测量目标和方式更为直接和自动化智能化，即通过捕捉不断变化的服务和应用程序的意图，将这些意图转化为可测量的关键性能指标（KPI），并根据测量指标状态完成动态网络协调，

以满足用户和业务意图。可以看到，未来网络自动测量场景具有典型的
用户意图和网络意图融合的特点。

网络业务编排场景

需求的多样性给网络运营带来了多方面挑战，由于各种应用程序的
独特性和差异性，网络的配置和管理面临着复杂的任务，包括网络功能
的选择和组合、多域间的协同等。每一个新的应用程序都会出现不同的
需求模式，若每次都对底层网络进行更改是不现实的，因此网络开始支
持对网络业务的编排。在 5G 网络时代，已经通过网络切片实现了业务编
排，但更多还是采用经验模型进行虚拟网络服务和网络功能描述，这种
方法具有很大的人为错误概率，同时对专业知识的要求也很高。

未来 6G 网络中业务需求将更加精细化和差异化，对业务编排能力
的要求将更高。引入意图驱动网络的思想，并结合人工智能技术，可以
避免人工经验的不确定性和可扩展性差等缺点。通过将用户的意图作为
输入，消除了设计网络功能和网络服务时所需的对专业知识和经验的严
格要求，使得用户可以将意图作为高级需求提供。然后，将意图转换为
相应的业务编排策略，可以大幅度降低业务编排时人为错误和对专家的
依赖。

挑战

意图精准转译问题

意图应用的一个关键步骤是从意图到网络策略的转译工作。用户意
图显式地或者隐式地表明了用户的需求，如何将用户需求转变为网络能
够识别的含义，意图的转译工作是至关重要的。然而，目前意图转译工
作还没有统一的实现方法，且现有方法大多停留在理论和实验阶段，各

有优缺点，缺少一个较为完善的解决方案。此外，对于用户意图的分析，即转译后的意图描述或策略描述尚无统一的认识，目前的研究主要局限于某个简单的特定的场景与环境，可移植性较差，这也是一个亟待解决的问题。同时意图分析需要依赖于自然语言处理方法，但是目前自然语言处理方法对于网络领域语义挖掘、数据标注这些任务的处理能力有限，存在意图无法被精准转译的问题。

意图决策间的冲突问题

多个用户意图在转译为多个网络决策后，可能会面临决策冲突问题，出现所谓"用户意见相左，网络无法达成一致"的现象，因此意图决策的冲突性是必须要解决的问题。目前主要采用的形式化验证方式在 6G 网络多样化服务下可能会出现状态空间爆炸的问题，从而无法在有限的时间内使用户意图在网络决策上达成一致。因此需要研究解决意图决策冲突的方法，该方法需要同时兼顾决策的效率和全面性，即达到正确且无争议的最佳决策执行状态。

意图在移动网络中的部署问题

人工智能技术与移动通信网络的深度融合是一个长期过程，也是分阶段实施的过程，目前对意图驱动网络的实践工作主要集中于核心网，包括业务自感知、网络自配置和网络自优化等应用，而意图驱动的无线网络等还需进一步探索。

未来 6G 网络将从内生智能的角度重新理解并设计网络架构，意图将涵盖无线、传输和核心的端到端环节，因此意图驱动的无线网络和传输网络也必将成为未来研究热点。此外，意图在网络部署上也会由以集中式为主的模式逐步向分布式、泛在化方向发展。

网络感知问题

在意图驱动网络完成意图解析、转译、校验、验证和反馈的完整过程中，网络感知都是必不可少的，是确保顺利完成意图整个生命周期管理过程的基础。网络感知中核心的内容是获取网络实际运行状态，从而确保对意图的理解和转译是准确的。以全 IP 化的核心网为例，传统核心网中，网络状态感知主要使用 NetFlow 和 Sflow 等工具。NetFlow 采用轮询方式，感知粒度较粗（如 15 秒），无法满足意图驱动网络对网络状态实时感知监控的需求；SFlow 通过对交换机的数据流进行采样，进而分析网络状态，可在一定程度上满足实时性，但缺陷是牺牲了一定的感知准确性。如何实现实时准确的网络状态感知是意图驱动网络面临的挑战之一。

随着可编程交换机的不断发展，一种基于 P4 语言的技术——带内网络遥测（in-band network telemetry，INT）技术为解决网络状态的实时监控提供了一种可行方案。INT 是一种网络监控框架，可以在数据转发同时获取交换机内部状态，可以直接在数据平面收集并报告网络设备状态及网络当前运行状态，从而实现实时、细粒度、端到端的网络监控。

第 4 节　计算与通信的跨界融合——算网融合

ᴵᴵᴵ 一、什么是算网融合

未来 6G 网络将体现为算网融合形态，算网融合指的是将网络和算力融合起来，为什么要融合？怎么融合？有什么挑战？我们在本节中将对这些问题给出答案。在讲算网融合之前，我们先了解一下网络和算力的概念。

一般提到网络有两种含义，一种是通信网络，另一种是计算机网络。通信网络是用物理链路将各个孤立的网络设备相连在一起，实现人与人、人与机器、机器与机器之间进行信息交换的网络，从而达到资源共享和通信的目的。计算机网络是指利用通信线路把分散的计算机连接起来，实现计算机与计算机之间通信的一种组织形式。随着通信基础设施向全IP化发展，目前通信网络和计算机网络之间的关系已经密不可分相互融合，我们将其统称为网络。

算力指对数据的处理能力，是设备通过处理数据，实现特定结果输出的计算能力。算力数值越大，代表设备的综合计算能力越强。

从上述两个概念上看，网络和算力是两种不搭界的事物，为什么要融合呢？

这要提到一直以来信息技术工作者对算力使用的一种愿景。我们在日常生活中使用水、电、气等基础生活资源时，非常便捷，只要打开水龙头（或灯开关或燃气开关）就可以随时随地使用水资源（或电资源、燃气资源），用户不用关心这些资源是哪个工厂提供的，途经了哪些管道，只要按照计量标准进行计费即可。信息技术工作者希望算力也能像这些生活基础设施一样，算力资源也能像水、电、气一样，随取随用，不用关心提供算力的设备是什么类型的、处于什么位置，只需要根据需求使用并按照计量标准进行计费即可，即算力也成为一种像水、电、气一样可"一点接入、即取即用"的社会级公共基础设施和服务。这是一种愿景，而目前云计算中心的算力服务已经在一定程度上可以满足这一愿景，如用户可以通过购买云中心的计算能力从而便捷使用算力。

但是随着各类网络应用的飞速发展，对算力的需求更为迫切。据罗兰·贝格（Roland Berger）国际管理咨询公司预测，从2018年到2030年，对算力的需求，智慧工厂将增长 110 倍、虚拟现实（VR）游戏将增长约 300 倍、无人驾驶将增长 390 倍、数字货币场景将增长约 2000 倍等，主要国家的人均算力需求将从今天的不足 500 GFLOPS（FLOPS 是对计算能力的一种度量，表示每秒可完成的浮点运算次数），增加到 2035 年的 10000 GFLOPS。对算力的需求不仅表现在对算力资源的大小，还出现了新的特点，如时延要求和可靠性要求等，这就对提供算力的位置和节点安全性也提出了不同要求。如果这些算力需求得不到满足，数字经济的发展速度将受限，人类社会发展质量也将大打折扣。

另一方面，由于芯片技术的进步，网络设备和终端的算力都在不断增长中，可以说完成"本职"工作绰绰有余，还有很多富裕的计算能力，如果能将这些富余的计算能力充分利用起来，提高碎片算力资源的利用率，就可以提升整体社会算力的使用效率。但是和云中心算力不同，这些算力资源分布在网络的各个地方，且计算能力千差万别，如何识别并度量这些算力？如何感知到这些分散的算力及算力的变化？如何准确找到这些算力资源？如何与应用需求相匹配？如何分配算力任务？如何将计算任务路由或调度到这些算力节点？这些问题的解决，需要网络来助一臂之力。

通过网络与计算的融合，可以将云中心算力以及各类通信网络设备、路由器、交换机、边缘计算节点、工业模组、通信终端等各类网元的算力都充分利用起来。通过网络集群优势突破单点算力的性能极限，进而提升算力整体规模，形成算力无处不在、随时随地使用的场景，这才是发展趋势。如果把算网融合比作人体，则大型云数据中心好比主动脉，而各类其他算力则相当于循环系统，主动脉与各类循环系统协同工作才能形成一个健康的人体，而要实现算网融合，还需要算网大脑的控制。

算网融合体现出来就是算力网络，对算力网络的概念，各大运营商以及产业界已基本达成共识，虽然具体文字上各不相同，但内涵一致。

中国联通认为算力网络是一种演进的新型网络架构和技术融合创新体系，是在计算能力不断泛在化发展的基础上，通过网络手段将计算、存储等基础资源在云－边－端之间进行有效调配的方式，以此提升业务服务质量和用户的服务体验。

中国电信认为算力网络提供多维资源服务化供给，基于无处不在的网络，将大量闲散的资源连接起来进行统一管理和调度，解决各类基础设施存在的资源碎片化孤岛，整合泛在的计算、存储、网络等资源，提供一体化服务，从而实现云网边端的高效协同、服务灵活动态部署和用户服务体验的一致性。

中国移动认为算力网络是以算为中心、网为根基，网、云、数、智、安、边、端、链（ABCDNETS）等深度融合、提供一体化服务的新型信息基础设施。

产业界认为算力网络是在实现网络超越连接实现数据增值的基础上，以网强算、以算促网的网络演进发展形态。

从上述对算力网络概念的解读，我们可以认为算力网络是一种根据业务需求在云、网、边、端之间按需分配和灵活调度计算资源、存储资源以及网络资源的新型信息基础设施。算网融合或者说算力网络的愿景是实现"网络无所不达、算力无所不在、智能无所不及"，从而推动数字化社会到智能化社会的发展。

ᵘⁱ 二、算网融合带来的好处

在需求侧，算网融合使得算力服务像水电一样，用户对算力的使用可达到即取即用的状态，满足不同业务需求，省略对算力来源的关注与选择，无须感知算力的位置和形态，同时还能降低使用成本，畅享极致体验。而在供给侧，算力供给将出现多样化，各方也均可从共享算力经济中获益。

对运营商而言，通过建设算力网络，将为网络运营商带来直接收益，包括可以将广泛部署的边缘计算节点以及具有计算能力的大量网元充分利用起来，极大提高资源利用率；提升对业务和服务的把控能力，作为网络的主导者，算网融合对运营商而言更有意义，可根据业务需求动态调度算力资源，实现整网资源的最优化使用，从而降低建网成本和使用成本，提升自身算力流动和数据流通的能力，构建差异化服务能力，使得用户体验更佳，忠诚度更高。

对内容提供商而言，算力网络通过应用与算力的融合可以催生出全新泛在的服务形态，从而推动低时延、高算力、大带宽的新产品演进。比如内容提供商可以通过算网融合降低云游戏的运营门槛，保障业务质量，提升用户体验。另外，算网融合的发展将促进更多应用在云端和边端部署，降低了终端计算、存储等资源的压力，从而让应用体验突破终端性能的限制，实现高质量的服务升级。

ᓚ 三、算网融合架构及关键技术

算力网络体系架构

图 4-6 为算网融合思路形成的算力网络体系架构。

从图中可知，算力网络是"网、算、脑、营"协同的整体。

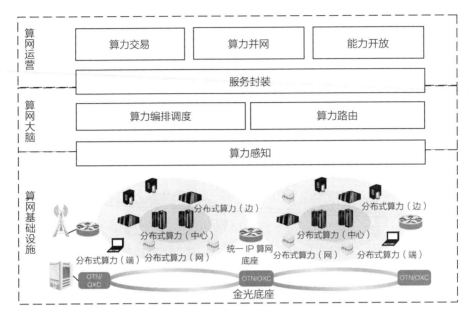

图 4-6　算力网络体系架构示意图

网络是底座，是支撑各类泛在算力高品质连接、快速访问、灵活调度与编排的基础设施，主要由 IP 网络和全光基础网组成。

算力是核心，是算力网络的核心资源，算力资源是泛在的，不仅是云中心的计算资源，还包括边缘、终端等分布式计算资源，以及社会潜在算力资源。除计算资源外，还包括存储等资源。发展多样性算力，构建绿色、高效、安全的算力基础设施，与网络基础设施共同构成算网基础设施。

大脑是中枢，是支撑算网业务的关键，包括算力感知、路由规划、算网编排、算网协同调度等重要功能。通过构建算网大脑，实现算和网的统一编排和灵活调度，达到网络资源和计算存储资源的联合最优。

运营是目的，通过算网运营实现面向市场的泛在算力交易和对外开放，逐步形成一套完整的算力商业运营模式，才能满足算力需求侧和供给侧的多方诉求，实现多方利益最大化。

因此，算力网络将以网络为底座、以算力为核心、以算网大脑为中枢、以算网运营为目标，逐步形成以算力感知、算力路由、算力编排调度和算力运营为主要内容的算力网络技术体系，进而实现算、网、云、边、端的深度融合和内生一体。

下面简要介绍算力网络涉及的关键技术。

算力度量

算力度量是对算力需求和算力资源进行统一的抽象描述，并结合网络性能指标形成算网能力模板，为算力路由、算力编排管理和算力计费等提供标准统一的度量规则。算力度量体系可包括对异构硬件芯片算力的度量、对算力节点能力的度量和对算网业务需求的度量等。

目前对算力度量的研究还处于探索之中，但总体上已经获得了比较一致的看法，即算力是完成应用任务的综合能力，其大小不仅取决于计算能力，还取决于存储能力和通信能力，同时计算芯片和目标任务的不同都会对算力评估结果产生影响。

对于具体的硬件，其算力可以用每秒所执行的浮点运算次数（FLOPS）来度量。从单纯的计算能力来看，不论是图形处理器 GPU 还是中央处理器 CPU，只要 FLOPS 能够满足要求，即可把计算任务分配过去。但由于 GPU 和 CPU 在计算应用场景和计算任务属性上有差异，因此对相同计算量的任务存在效能差异。比如，CPU 架构有利于 X86 指令集的串行计算需求，从设计思路上适合尽可能快地完成一个任务；而 GPU 架构有利于几百万个任务需要并行处理的计算需求（如在屏幕上合成显示数百万个像素的图像），从设计思路上适合大量任务的并行执行。因此即便从数值上表现出相同的算力，但从任务效能来说，不同的任务应该需要分配到不同的计算硬件来完成。

对算力网络而言，了解算力的目的是规划计算任务的编排和部署方案，因此算力度量还要考虑具体任务属性，并可基于任务需求，对算力类型或类型权重进行调整。比如批处理的大数据任务、基于 AI 的视频检测任务对计算节点的要求是有差别的。应针对特定任务类型，给出不同的算力度量方案，使算力评估结果与任务类别更匹配，从而有利于开展灵活的算力资源调度。

算力路由

算力路由指基于网络和算力感知，综合考虑网络状况和计算资源状况，将业务灵活按需路由到不同的计算服务节点中，涉及技术包括：算力通告、路由规划、路由寻址等。图 4-7 展示了一种算力路由技术的架构示意图，包括客户端和计算服务节点，以及中间的算力路由节点。其中客户端节点通过应用接口向入口路由节点发出服务请求，入口算力路由节点依据从各服务节点获取到的网络和算力状态信息进行路由规划和路由寻址，经过跨节点路由到达出口算力路由节点，并最终送达目标服务节点，通过目标服务节点完成具体的计算服务。

依据不同角色与功能，可将相关节点分为以下三种（图 4-7）：

①客户端节点：是服务请求的发起者，可以使用服务 ID（SID）标识服务节点提供的多个特定服务。需要注意的是，SID 应唯一标识算力服务，算力服务在注册时会依据服务类型分配唯一的 SID。在算力网络中，一般由算力运营层负责泛在算力服务注册信息的分发与更新。

②算力路由节点：是算力网络的核心网元，可实现算力状态网络通

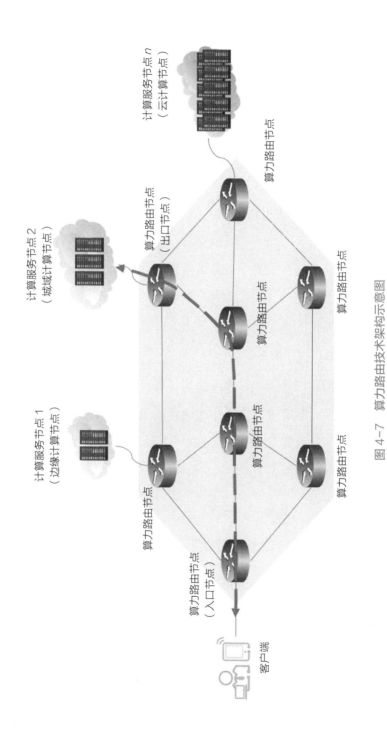

图 4-7　算力路由技术架构示意图

告、算力路由寻址、算力路由转发等功能。算力路由节点包含入口节点（ingress）、中间节点和出口节点（egress），入口节点面向客户端，负责路由规划、服务调度与路由寻址；出口节点面向计算服务节点，负责向计算服务节点的转发以及服务状态的查询；中间节点负责根据路由规划路径进行数据的转发。

③计算服务节点：是计算服务的提供者，处于网络边缘或云数据中心，负责为应用提供具体的泛在算力服务。

路由信息表是算力路由入口节点进行路由规划时的依据，算力路由入口节点基于算力通告信息生成路由信息表，包括泛在算力服务的位置信息、服务状态信息等。当收到客户端发来的应用请求首包后，入口节点将基于算力路由表确定目标路由节点，并进一步建立转发表，最终由目标计算服务节点提供服务。

考虑到不同的网络基础设施与架构，算力路由技术可分为集中式和分布式控制方案，现有业界方案中，两者的主要区别在于路由表项是由集中控制节点下发给算力路由节点（将军决策、士兵执行），还是由算力路由节点自行维护路由表项（士兵自行决策并执行），未来两者也有融合发展的技术趋势。

算力调度

算力调度指根据网络资源和计算资源的实际状态将应用任务分配到适当的计算节点。主要功能包括：算力分解（根据业务需求和资源拓扑合理拆分算力需求）和算力调度（根据需求和状态的匹配情况对算力资源进行分配、映射和调整）等。

算力分解

算力的高效利用在于能否对任务实现"分而治之"，由于终端设备、边缘节点、核心节点、云中心等各级算力节点能够提供的算力存在较大差异，且随着业务和网络的运行，算力资源将越来越呈现碎片化趋势，未来引入社会算力后，这种趋势将更加明显。当单个节点无法承载某个网络应用需求时，或不是最优承载方案时，需要将应用的算力需求进行分解，通过自动化、智能化的算法将算力需求按应用特性进行切割，分为若干子任务，然后分别分配给不同的算力节点上执行来满足整体的应用需求。

将网络应用的功能组件按一定的方法划分为不同的子任务（图中的虚框），随后在算力资源分配过程中，子任务中的功能组件将被部署到具有不同算力的节点上，即资源分配的粒度为子任务粒度（图 4-8）。

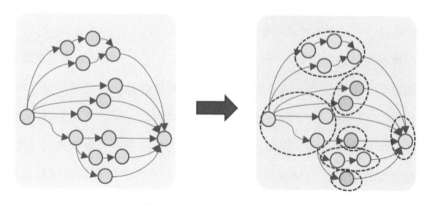

图 4-8　任务分解概念示意图

任务分解的过程是将应用程序拆分成多个子任务，这些子任务有特定的执行顺序，且子任务之间需要交互必要的数据。在任务分解时除考虑应用的服务需求外，还需要充分考虑各种约束条件，包括任务间存在的运行时序关系、数据依赖关系、信息反馈关系等，任务之间就像一张复杂的人际关系网，既有目标异同性，又有复杂时空交错关系。因此，不同子任务间的信息传递、信息交互、时序约束等就构成了复杂约束关系，并以此复杂关系为基础实现整体网络应用任务的执行。

就像将独立的积木块组合起来搭建为一个房子一样，网络应用执行的过程可以看作是一系列子任务按照一定的时序和逻辑依赖关系组成完成整个任务活动的过程，是子任务与子任务上在时间、计算、存储和通信上的有机融合。

算力调度

算力调度又可分为算力分配和算力调整。算力分配是根据分解后的子任务的算力、存储、网络需求，通过智能算法，将不同的子任务分配给能够满足网络应用需求的最佳算力节点集，最终由各算力节点执行相应的子任务。算力节点集可包含：核心 / 边缘云计算节点、一个或多个泛在终端设备，或是各类设备的组合等。

算力调整是应用在运行过程中进行的算力优化。在网络运行过程中，终端设备、边缘节点、核心节点的算力与网络资源状态将始终处于动态变化之中，同时，业务负载也会随着闲忙时高低不同，再加上移动网络中算力用户的移动性，因此，需要在业务执行过程中实现算力的动态调整和移动性管理。具体来说，当用户从一个算力节点覆盖区域移出时，需要实时感知用户位置的变化，并结合全网整体算力的当前状态决定是否将整体应用或某个 / 某些算力子任务迁移到其他算力节点。当原有算力资源不再需要时，还需进行算力资源的释放。

算力运营

算力需要变现，如何让算力变现变得更官方和开放？这就涉及如何对算力进行吸纳和交易，如何利用各种算力进行服务等问题，即算力运营。算力运营是指将算力作为一种服务对外提供时具备的运营和交易能力，主要功能包括算力交易、算力记账和计费等。

算力交易

算力交易功能实现对算力资源的交易运营，一般来说，算力交易运营的过程为：算力客户首先向算力交易运营平台发布算力需求；算力交易运营平台结合算力分级标准进行算力需求解析，解析出详细的算力、网络、存储等要求，并生成算力报价；客户认可算力报价后，算力交易运营平台将已解析好的算力需求传递到管理调度层（算网大脑），由管理调度层完成算力分解和资源调度；当算力使用完成后进行算力的释放，然后进入算力记账功能。

此外，还可像手机生态一样，通过应用商店和算力开放平台实现对第三方应用提供商的开放，以提供算力运营的生态环境。

算力记账和计费

目前算力提供方主要包括云服务商、网络运营商和其他企业自建云等，未来还会包括社会算力提供者。应用的完成往往需要多方算力协同提供，而多方参与的算力交易需要建立信任机制，因此算力记账可应用区块链技术实现对算力的可信交易。

当算力使用完毕后，由算力客户在算力运营交易平台上确认完成算力释放后，运营交易平台即可通过智能合约出账并记录于链上，同时通知算力节点交易已完成，算力提供方可登录区块链平台查看相应的账单信息。

算力使用完毕通过区块链平台完成记账的同时，计费功能则根据交易数据生成相应的计费结果和费用清单，并完成对算力资源使用的收费等功能。

ıl 四、算网融合面临的应用场景及挑战

应用场景

算力网络将分布于网络各个部分的异构泛在算力资源通过网络连接能力进行聚合，提供"算力即服务（computing as a service: CaaS）"能力，向各类具有计算需求的业务按需提供算力。而业务场景的推动是算网融合技术发展的"土壤"，业务需求的明确可使得技术的迭代演进更加有的放矢。面向 6G 网络演进，对算网融合的典型应用场景进行如下分析。

东数西算场景

2022 年 3 月，我国正式实施"东数西算"工程，"数"指数据，"算"指算力，即通过构建数据中心、云计算、大数据一体化的新型算力网络体系，将东部密集的算力需求有序引导到西部，优化数据中心建设布局，使数据跨域流动，打通"数据"动脉，促进东西部协同联动。"东数西算"工程成为继我国"南水北调"工程、"西电东送"工程，以及"西气东输"工程之后的第四大工程。

东数西算可以理解为让西部丰富的算力资源更充分地支撑东部数据

的运算。目前，我国的数据中心大多分布在东部地区，由于土地、能源等资源日益紧张，在东部大规模发展数据中心难以为继。我国西部地区资源丰富，具备发展数据中心、承接东部算力需求的潜力。东数西算既缓解了东部能源紧张的问题，也给西部开辟了一条发展新路，二者优势互补，可以更好地为数字化发展赋能。

然而，东数西算并不是把东部所有的算力需求都由西部处理，而是要进行适当分工合作，如东部枢纽处理金融证券、工业互联网、远程医疗、灾害预警等对时延要求较高的业务；西部数据中心处理后台加工、离线分析、存储备份等对时延要求较低但计算需求大的业务。通过东西部对不同计算需求的分工和承接，实现算力的跨域集群能力。这就需要算力网络技术，来充当东西部各地方算力的桥梁。

无人驾驶场景

到 2030 年，无人驾驶对算力的需求将达到前所未有程度，未来自动驾驶的 L4 和 L5 级别对网络带宽的需求将大于每秒 100 兆比特，时延要求达到 5—10 毫秒的水平。现有以云计算和边缘计算静态部署为主的算力供给模式，已经无法有效匹配算随人动的业务需求，算力必须高效流动起来。

自动驾驶将通过摄像头、雷达等感知设备，获取交通环境中的多维数据，并对海量数据进行分析学习，推理出相应的交通调度策略，调节交通信号、指导车辆自动行驶等。为实现全场景的车路信息准确感知和处理，需要协同车辆内部、车车之间、车路之间等多维度的信息，同时基于算网协同调度能力，将不同时延和算力需求的车内、车间、车路协同等应用分发到云、边、端等算力节点，并与车载终端协同，最终形成精准、实时的自动驾驶策略。

虚拟社交场景

到 2030 年，VR 游戏的算力需求将增长约 300 倍，端到端的时延至少需小于 20 毫秒；作为 VR 游戏和虚拟社交延伸的沉浸式元宇宙场景，需要随时随地接入虚拟世界，对 AI、算力和连接的要求会更高。未来这些应用的算力请求将无处不在，对网络算力的动态供给能力提出了更高的要求。

为支持用户娱乐场景，如云游戏、元宇宙等虚拟社交场景，算网融合将发挥重要的作用。数据从数据中心分发到边缘，并进一步传递到用户，边缘侧在提供渲染、存储等服务的同时，还要提供用户终端、边缘节点和云中心节点间的确定性网络体验，这就需要算网大脑的协同调度支持。

自智网络场景

算力网络将为未来 6G 网络的内生智能化提供算力支撑。未来 6G 网络由于空天地海一体化全覆盖，同时需要为各类具有极端性能要求的业务提供端到端的服务质量保障，因此，精细化和智能化的管控和运维成为网络必须具备的能力。

自智网络是能够提供网络自动化和智能化运营管理能力的网络统称，人工智能和数据技术为 6G 网络自动化和智能化运营管理提供了重要方法，但无论是平台还是算法的落地实现，均需要充足的算力和网络资源的支持，算网融合将为实现自智网络提供基础设施支撑。

挑战

不同级别算力资源的协同问题

未来 6G 业务将提出各种差异化的泛在算力需求，如 VR 业务进行效果渲染时，或者无人驾驶汽车进行周边环境检测时，除需要高性能计算能力外还需要极低的时延。巨大的算力需求以及千差万别的个性化算力需求，单靠大规模建设大型数据中心等单点算力设施不实际也不实用，因此需要通过网络集群优势来突破单点算力的性能极限，实现不同级别泛在算力资源的协同调度和共享，才能提升整体的算力规模和算力利用率。如何有效统一度量不同类型不同级别的算力资源，并实现协同调度和共享，是目前算网融合领域面临的重要挑战。

产业链协同发展挑战

算力网络作为一个广域网络级的革新技术，需要产业链上下游的高度协同。算力网络产业链包括上游的如芯片 / 器件、服务器、交换机、路由器、操作系统、数据库、中间件等；中游的如算网基础设施、平台服务、数字化能力等；下游的如面向数字化转型的各政务、教育及垂直行业的行业应用等。

目前我国主要由算网基础设施服务商（即网络运营商）主导算网融合技术研究及建设工作，承担产业链中链长的角色，其他上下游处于跟随状态，还需要增强上游和下游的适配发展。算力网络配套产业的成熟度决定了其产业化进程的速度，没有强大产业链支撑的技术，好比没有产业配套的田园综合体，算力网络将成为空中楼阁。然而，目前相关产业化水平还需进一步提速，产业成熟度是目前算力网络发展的主要瓶颈。

安全可信问题

除了产业链方面，安全可信也是一个需要解决的挑战，虽然算力网络本身不聚焦安全和隐私问题，但在 6G 网络环境中实现安全通信和泛在计算是对算力网络的基本要求。由于算力网络涉及多源泛在算力节点，并采用将数据和任务分散到多方算力节点进行计算的模式，会使算网服务面临网络攻击和数据隐私泄露等严重安全风险。因此算力网络需要引入创新的安全理念,借助隐私计算、数据标记、全程可信、审计溯源、内生安全等技术,推动算网安全从单点可控迈向全程可信。

此外,对于算力共享过程中所出现的算力网络特有的安全和隐私问题也需关注,比如如何将用户的社会信誉属性加入算力共享决策因素,提升协作计算的安全和可靠?如何通过网络内生安全来满足算力网络安全和隐私保护需求?这些安全相关技术问题也是算力网络应用后要解决的挑战。

第5节 具有智能基因的网络——智能内生网络

▪ᵢᵢ 一、什么是智能内生网络

展望未来,人类社会将进入智能化时代,6G 将提供智能化时代的网络连接服务,通过实现人机物间的智能互联和智慧协同,从而推动构建普惠智能的人类社会。与人工智能技术深度融合,构建智能内生网络(intelligence endogenous network,IEN)已成为 6G 网络的重要特征,并在业界达成了共识。

智能内生网络与传统网络有什么区别?表现出哪些重要特征?将为用户带来什么新体验?要回答这些问题,首先我们要了解什么是"智能内生",与其相对应的"外挂式智能"有什么区别?

目前 5G 网络的很多方面已经应用了 AI 技术,但是在当初讨论构建 5G 网络基本架构时,尚未将 AI 技术考虑进来,因此 5G 网络的智能化应用是在传统网络架构上进行优化和改造的,总体属于"外挂式智能"。所谓"外挂式智能"是指采用人工智能技术在某个或某些方面提高网络运行的智能化水平，而不是从架构层面根本性地引入智能化。这种外挂式智能只是对传统架构和技术的缝缝补补，在全面提升网络的智能化自治水平方面就显得力不从心。因此 6G 网络需要在架构设计之初就全面考虑与智能化的深度融合，构建架构级智能内生，使得智能成为网络的"基因"，从而实现以 AI 为基础的新型智能通信网络。

从字面意思来看，智能内生可以分为"智能"和"内生"两个部分。第一部分"智能"表示以 AI 作为核心技术，用于网络自身的感知、分析和最优决策。AI 技术因其具有强大的学习、分析和决策能力，以及分布式的网络 AI 能力，与终端 AI、云 AI 相互协作，可以实现全行业的智能泛在，体现无处不在的 AI 理念。第二部分"内生"意味着"与生俱来"，即智能是网络的基因，在开始设计 6G 网络时就要支持 AI 技术及 AI 应用在网络中的无缝运行。AI 应用包括实现网络自身功能的 AI 应用以及为客户和行业服务的 AI 应用，我们将其统称为网络 AI。

网络 AI 的主要场景可以分为三个类别：网元智能、网络智能、业务智能。其中网元智能是指网元设备的原生智能化；网络智能是指多个智能体网元协同产生网络级的群体智能；业务智能是指整个无线通信系统为业务提供的智能服务，业务智能不是说 6G 网络要做业务本身，而是网络为业务的智能化提供更好的资源、功能和服务方面的支持，基于 6G 网络的原生 AI 能力辅助业务提升效率和体验。

从技术视角来看，以深度学习和知识图谱为代表的人工智能技术发展迅速。首先，IEN 将知识与人工智能技术引入网络中，以表征、构建、学习和应用网络的多维主观和客观知识。在此基础上，基于知识，IEN 可以实现立体感知、决策推理和动态调整，从而网络可以根据需要进行自调整，以满足网络及业务的需求。目前，相当多的人工智能方法已应用于网络研究，但大多数方法仅使用机器学习算法来解决特定的网络问题。IEN 不是人工智能方法在特定问题上的简单应用的结果，而是在人工智能原理以及网络系统的自然属性和运行特性的指导下，设计和构建适合网络的人工智能系统以及支持并应用此类人工智能系统的网络。

从业务视角来看，面向 2030 年，"数字孪生"和"智能泛在"将成为社会发展的目标愿景。未来 6G 网络的作用之一就是创造一个"智慧泛在"的世界，基于无处不在的大数据，将 AI 能力赋予各个领域，6G"智能内生网络"即可支持该愿景的实现。

未来 6G 网络应将大数据和 AI 能力融入网络的基因当中，形成一个端到端的体系架构，并根据不同的应用场景需求，按需提供 AI 能力和服务。同时，6G 网络还将通过内生的 AI 功能，实现 AI 能力的全面渗透，驱动网络的自我演进，实现"网络无所不达，算力无处不在，智能无所不及"。

总结来说，当 6G 网络从外挂式智能转向内生智能，网络便具备了智能基因，即 6G 网络通过原生支持 AI，将 AI 能力作为网络的基本服务，实现 AI 即服务（AIaaS），使网络能够自学习、自调整、自演进，并赋能行业 AI，构筑全行业的泛在智能生态系统。它应能够智能感知网络意图、自动进行网络配置、自主分析和决策、主动优化网络故障，并具有易于扩展和操作的能力，从网络终端设备、网元节点与网络架构、网络承载业务等多个层次赋予网络"智慧"。

.ıl 二、智能内生网络带来的好处

传统的网络运营管理以网络设施为中心，其目标是确保网络设施的

高性能和可靠运行，这主要由网络管理人员手动完成。而大规模的动态网络依靠人工经验或静态策略的网络运营管理模式很难适应新趋势。

在 5G 时代，自组织网络（SON）成为提高网络自主智能管理的重要手段。SON 为网络的感知、规划、执行和评估构建了一个闭环管理框架，并对典型用例（如自配置、自优化和自修复等）实施自主管理。但 SON 的自主管理方案依赖于精心设计的算法或机制，AI 技术应用于 SON 的大多数研究通常侧重于为特定用例提供数据驱动的智能算法。这些算法中使用的各种学习模型通常取决于良好的设计，它们可以训练和调整自己的参数，但不能改进模型结构，因此网络并不具有自进化能力。

网络自治一直以来是通信业界的追求目标，是全球运营商共同期待的发展方向，即不需要人工干预，通信网络可以通过对网络和用户意图的自感知，实现网络的自配置、自优化、自治愈和自演进，最终实现网络的自治。5G 时代的自组织网络可以说是网络自治的初级阶段，智能内生网络将为更高级的网络自治提供实现土壤，同时网络自治能力也是网络具有内生智能的体现。

智能内生的网络应具备如下能力。

自感知

自感知是自决策生成的基础，其特点是自主性，即不依赖于外部命令的触发，可自发、动态地捕获各类信息，包括：用户需求、周边环境、网络资源、运行状态、业务质量等。网络以主动性、预测性、自动化的方式对环境、资源、状态、质量等进行感知，可以自主掌控网络和业务运行动态；对业务质量、用户需求和用户体验等进行感知，可以实现对网络服务效果的主动评估和及时反馈。网络的自感知应是广覆盖、全方位、精细化的，可以支撑各类差异化的智能服务需求。

自配置

自配置是完成网络功能自动化部署和实施的途径。网络以运营意图和部署策略为指导，以自感知获得的丰富信息为基础，将网络的需求自主转换为网络组网、网络功能和网络参数等的配置方案，并通过自动化的配置执行和测试验证，实现网络功能的全自动化部署和实施。同时，考虑到用户和业务的需求差异性和动态变化性，网络应能根据差异化需求实现对网络组网、功能和参数的智能化编排和自适应调整，从而提供个性化和差异化的网络智能服务。

自优化

自优化是实现网络自主高效可靠运行的保证。基于自感知数据，网络可对各类用户、网元、资源和业务的运行状态进行全面精准分析和推理预测，并能根据不断变化的场景环境、网络状态和用户业务需求动态调整各类资源，实现对组网结构、网络参数和应用效果等的优化。整个自优化过程是在无人工干预情况下通过自主闭环智能完成的，可以缩短优化周期、降低优化开销、提高优化鲁棒性。自优化过程中网络将在知识的驱动下自主应用适当的 AI 模型和经验数据，自优化后，这些模型和数据可进一步形成新的知识供网络学习和利用。

自治愈

自治愈是提高网络鲁棒性的保证。面对网络中各类环境、网元、业务、用户等相关的海量运维数据，智能内生网络能通过人工智能技术在海量运维数据中自动、快速地发现运行数据、告警数据、故障数据等之间隐含的关联特征和规则、追溯事件根因、精准定位故障，进而能进行快速、主动地网络故障恢复和业务恢复。同时，通过对异常事件及风险的预测，及时动态调整网络资源配置，变被动排障响应为主动风险控制，进一步提高网络的鲁棒性。

自演进

自演进是网络智能内生的终极目标。在知识、数据、算法、算力等的支持下，网络通过自我学习和自我优化，经历自我淘汰和自我进化过程，自主实现网络架构、网络运营和网络应用的自演进。在网络架构方面，基于自适应组网和网络功能智能编排技术，实现网络架构的自调整和自扩展；在网络运营方面，形成具有自规划、自实施、自管理、自运营能力的自智网络；在网络应用方面，面对社会发展过程中出现的新行业、新场景，发现抽象出新需求、创造应用新范式，形成网络应用的自构建。

因此，内生智能是 6G 网络的核心特征，也是推动移动通信发展的必然趋势，关于网络内生智能的研究正在如火如荼展开。

ⅰⅼ 三、智能内生网络架构

为实现上述目标，业界对智能内生网络的架构进行了广泛的讨论，但是到目前为止仍处于讨论之中，尚无标准的或得到业界基本认可的智能内生网络架构。IMT-2030（6G 推进组）是我国研究第六代移动通信技术的一个组织，6G 推进组于 2019 年 6 月由中国工业和信息化部推动成立，成员包括中国主要的运营商、制造商、高校和研究机构，是聚合中国产学研用力量、推动中国第六代移动通信技术研究和开展国际交流与合作的主要平台。在 IMT-2030 标准研讨中，初步提出了面向 6G 网络的智能内生网络架构的雏形。

该架构如图 4-9 所示，从逻辑层次上分为 3 层，从下到上依次为异构资源层、核心功能层和能力开放层，除此之外，安全功能作为贯穿整个 6G 网络系统的内生安全能力，负责面向异构资源层、核心功能层和能力开放层的安全感知、安全防御和安全预防。

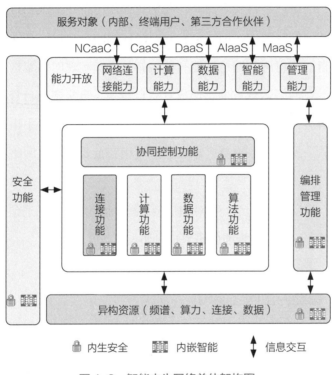

图 4-9　智能内生网络总体架构图

异构资源层

异构资源包括连接资源、频谱资源、算力资源和数据资源。其中，网络连接资源指传输和交换资源；频谱资源指无线频谱资源；算力资源不仅包括计算资源如 CPU、GPU、神经网络处理器 NPU 等，还包括内存和存储资源，如具备存储能力的各类独立存储或分布式存储资源；数据资源包括各类与网络相关的数据资源，如网络环境数据、网络配置数据、网络运行数据、业务运行数据、用户数据、AI 相关数据等。

能力开放层

6G 网络将根据用户的不同需求提供各类服务，包括网络连接服务、计算服务、数据服务、智能服务和管理服务等。经过封装后的各类应用能力和管理能力以服务方式向服务对象（包括内部客户、终端用户和第三方合作伙伴）提供。能力开放层负责提供各类服务的对外开放通道，通过能力开放接口向服务对象提供相应服务，并将各类服务需求下发给核心功能层。能力开放层除提供服务的对外开放外，还负责能力的订阅、发布和更新等，以及服务目录的管理等。

核心功能层

核心功能层是提供各类 6G 服务的功能层，包括编排管理功能、协同控制功能、连接功能、计算功能、数据功能和算法功能等。其中，编排管理功能负责 6G 服务的编排和映射，通过将 6G 服务编排为合理的任务组合，从而实现服务与功能需求的最优匹配。在目前的体系架构中，提出了以任务为中心的编排管理思路。

以任务为中心的编排管理

传统通信系统是以通信连接为中心的设计，其典型的通信场景是为两个特定终端之间、或为终端与服务器之间提供连接，因此传统通信系统在设计时充分考虑并定义了完整的通信连接的生命周期管理机制。而将智能作为自身基因的 6G 网络，在完成某个特定目标时，将会由多节点场景下的多算力、多连接、多算法、多数据的协同来完成，传统通信系统以连接为中心的网络设计已不能满足该需求，需要设计以任务为中心的编排管理机制。

什么是任务呢？我们首先引入 6G 智能内生网络中 AI 能力的组成，一般来说 AI 能力可以由连接、计算、算法和数据功能协作完成，这四个功能我们将其称为 AI 四要素。6G 网络多节点场景下由连接、计算、算法和数据四要素资源协同完成的某个特定目标，即称为任务。

目标来源于用户需求，称之为用例，用例又可由一个或多个服务组成，服务可再进一步分解为任务，如 AI 训练任务、AI 推理任务或数据任务等，任务之间可以串行或并行或串并组合方式执行。相应的，任务也有自己的任务质量（QoT），任务质量可由服务质量（QoS）分解和映射而来，而 QoS 由运营商与用户签署的用户服务等级协议（SLA）分解和映射而来。

用例、服务与任务之间的关系如所示图 4-10。

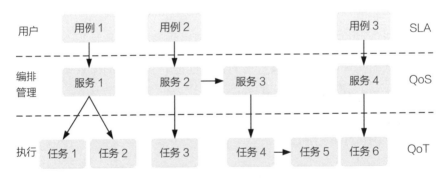

图 4-10　用例、服务和任务的关系示意图

因此，6G 在网络架构层面需要考虑提供任务相关的四要素（连接、计算、数据、算法）的协同，通过四要素的协同和调度来保障任务的 QoS，并提供完整的任务生命周期管理，形成以任务为中心的编排管理机制。在任务执行期间，还可根据网络的动态变化、实时调整各个任务的

四要素资源，如调整任务的参与节点或节点的参与资源等，确保用户需求的顺利执行和 QoS 的保障。

根据不同的目的，任务可分为网络连接任务、AI 训练任务、AI 推理任务、计算任务、感知任务、数据处理任务等多种类型。根据任务参与节点的数量，又可分为非协作类任务和协作类任务。非协作类任务指可由单点执行的任务，如可由用户终端（UE）、基站或核心网网元单独执行；协作类任务又可分为多要素协作和多节点协作两类。

多要素协作指一个任务的执行可能同时需要连接、计算、数据、算法中的部分或全部四要素资源共同进行协作，如一个基于联邦学习的 AI 训练任务可能需要数据、计算、算法和连接四个要素的协同资源调度。

多节点协作指涉及两个或多个节点间协作的任务，如用户终端（UE）和无线接入网（RAN）网元协作、UE 和核心网（CN）网元协作、RAN 网元间协作、CN 网元间协作，以及 RAN 网元和 CN 网元间协作等。以大规模 AI 训练任务为例，若只通过对单点网元的计算能力进行简单扩容来适配计算需求会导致整网部署成本过高，而分布式计算可通过算力共享的方式来协同完成任务，因此可通过多节点间进行算力层面的协同来完成该任务。再如基于联邦学习的 AI 训练任务也需要多节点间进行数据和存储层面的协同。

以任务为中心的编排管理机制对网络架构的设计提出了特定要求，包括：①将网络的功能分为连接、计算、算法和数据四要素功能，四要素相对独立又协同工作；②需要引入协同控制功能，与编排管理功能一起实现对连接、计算、算法和数据四要素的不同层面的协同管控和 QoS 协同保障。

四要素功能

如前所述，AI 四要素功能包括：连接、计算、算法和数据功能，下面对各功能给出介绍。

连接功能

鉴于传统连接功能的局限和不足，在未来 6G 通信、感知、计算、智能、数据融合的新系统中，网络连接功能中传统的控制面和用户面将会进一步发展演进为"新控制面"和"新用户面"。

新控制面功能可能需要体现出端到端全服务化和智能化要素，或者采用新型的传输协议方式等；新用户面功能应能够按需灵活编排和配置、可实现用户面本地行为策略的分析和自主的动作优化选择等，而不再采用完全固定被动的转发模式。同时，为了更高效灵活地传输新型业务所带来的各种新型数据（如分布式计算的中间数据、智能模型算法参数数据、联邦学习梯度数据、安全备份数据等），6G 新控制面和新用户面功能还需同时考虑和兼容上述新型数据的控制和传输需求，感知和管控新型业务相关的资源、功能和业务状态，并能针对新型业务的差异化数据包提供高效转发和传输服务。

总之，基于智能内生的新控制面和新用户面将突破传统连接功能相对被动、僵化的局限，采用功能组件化、服务化和智能化的设计，为 6G 智能内生网络新架构提供基础动力。

计算功能

6G 网络是集通信、计算、存储于一体的综合信息系统，应满足未来各行各业对高速信息传输和实时信息处理的需求，尤其是要满足未来无人驾驶、虚拟现实、全息通信、元宇宙等多种新型应用对于大量算力的迫切需求。随着深度学习算法的演进，AI 训练对算力的需求增加了几十万倍，传统的单体计算模式已经很难支撑未来爆发式增长的算力需求，在网分布式计算将成为计算密集型应用的现实选择，而在网算力也将成为 6G 智能内生网络重要的基础设施。

6G 网络节点将从只处理通信业务的封闭模式向可对外开放、提供开放算力服务的新形态节点发展。6G 网络节点将对内完成计算功能，对外提供计算服务，实现计算与网络的深度融合。一方面通过将计算单元和计算能力嵌入到网络节点，来实现云、网、边、端的高效协同，支撑更好的业务体验；另一方面计算功能作为一种内生资源要素，需与其他要素协同支持多维度、多粒度的调度控制及能力开放。

算法功能

算法功能是智能化的核心要素，为其他要素提供所需的 AI 模型和 AI 能力，分为模型功能和基础工具支撑功能。

模型功能用来完成对智能模型的训练、验证、优化、存储、部署和推理。其中模型训练是基础，指根据具体的智能化模型训练任务需求，选择合适的特征数据和通用模型（或定制模型），对模型进行训练以实现特定功能，包括离线训练和在线训练。离线训练指在不影响现网运行的离线测试环境中对模型进行训练（如智能沙箱训练），并从中选择最佳模型；在线训练指在现网运行过程中，面向应用 QoS 或任务 QoS，根据实际运行环境和在线数据对模型进行在线持续训练或增量训练，从而保障模型的有效性和实时性。基础工具支撑功能提供对通用模型、工具、环境和知识等的管理，同时提供模型评测管理。

为支持未来 6G 网络的智能化和高效化，算法功能需要支持对智能模型的快速动态按需生成和按需部署，实现对模型的高效交付、部署和持续迭代等全生命周期管理。同时，未来 6G 网络多类型算力资源的引入，以及考虑到对数据隐私保护的需求，将更多地使用联邦学习、集成学习、迁移学习等分布式学习框架，并由此会涉及模型数据传递、模型分割聚合等工作内容。因此在进行模型训练、部署、推理过程中，一方面需要充分考虑 AI 应用需求和网络实际组网现状并进行灵活适配；另一方面对网络的时延、带宽、资源智能化调度等也提出了更高的要求。

数据功能

数据功能泛指和各类数据处理相关的逻辑功能，既包含和 AI 操作强相关的数据功能（如 AI 样本数据采集、数据建模、数据预清理、数据特征提取等），也包含和 AI 操作不强相关的数据功能（如传统通信系统的数据封装解封装、数据转发等，以及传统的大数据采集和建模、数据分析推理等）。随着 AI 与网络的逐渐深入融合，丰富且强大的数据将成为 6G 智能内生网络的生产力要素，而面向任务的数据功能也将成为 6G 网络高效运转的重要基础之一。数据功能主要包括：数据采集、数据处理、数据建模、数据分析和数据应用等。

与传统网络相比，6G 系统的数据功能具备泛在化与分布式特点，即智能网元节点在本地应能高效实现所需数据源的发现、采集、预处理和分析，同时智能网元节点之间也应能实现各种数据功能的深度交互协作。由此数据服务应具备开放性特点，能对 6G 系统内或系统外的服务对象进行开放和协同共享。数据功能还应保障数据的可管可控和可信，从而实现有 QoS 质量保障的数据服务，这需要 6G 系统配置足够的计算、通信、存储资源作为其基础保障。

编排管理与协同控制

为实现四要素功能的协同编排与控制，同时满足 6G 系统的高实时性和内生智能需求，在 6G 网络架构中，提出了编排管理和协同控制两个层次的管理控制功能。编排管理功能主要作用于任务部署阶段，这一阶段完成从用例到服务再到任务的分解、映射和任务流的编排，通常是非实时的；协同控制功能主要作用于任务执行阶段，这一阶段需完成任务的具体执行，实现对任务执行期间的实时控制和动态调整。

编排管理功能

编排管理功能面向用户需要和网络需求提供对任务流的智能编排能力，包括意图解析功能、应用能力编排功能和运营管理能力编排功能。其中，意图解析功能实现对意图的识别和转译；应用能力编排功能通过对各类资源和四要素功能的智能编排形成面向场景和用户需求的应用能力，包括连接服务能力、计算服务能力、算法服务能力、数据服务能力以及综合的 AI 服务能力等。运营管理能力编排功能则通过对各类资源和四要素功能的智能编排实现智能运营、智能管理和智能维护等各类智能内生的管理能力。

以一个 AI 服务能力编排为例，编排管理功能按需使用各类特征数据，并灵活编排各类节点、模型、方法等，形成 AI 服务能力。一般过程示例如：内部或外部用户给出某个 AI 服务意图，意图解析功能对该意图进行解析和转译，形成一个 AI 服务需求；编排管理功能完成从服务等级协议（SLA）到 AI 服务质量（QoAIS）的映射；基于服务质量需求，实现从 AI 服务到 AI 任务的分解（如分解为连接需求、数据需求、算法需求、计算需求等不同的任务），并同时将 AI 服务的 QoAIS 分解为不同任务的 QoS；

205

在此基础上，基于时间先后、数据依赖关系等约束条件完成对不同任务的组合和编排；最后完成任务与网络基础设施中节点间的映射，形成实现 AI 服务能力的任务链。

通过编排管理功能完成了任务链的编排和部署，当任务完成部署进入执行阶段后，要保障 AI 任务执行期间的 QoS，编排管理功能就较难发挥作用了，因为一方面编排管理功能无法直接管理用户终端（UE），涉及 UE 的任务只能通过应用层来部署，网络无法感知，因此也无法实现四要素协同来管控和保障任务 QoS。另一方面，编排管理功能一般较为集中，通常部署在集中的编排管理系统中，信令时延较大（一般是秒级到分钟级），导致任务管控不及时，难以满足严格的任务 QoS 保障要求，同时高度集中的任务管控也容易成为瓶颈。因此 6G 网络架构在编排管理功能之外，引入了协同控制功能。

协同控制功能

协同控制功能负责接收编排管理功能的任务编排结果，并对连接功能、计算功能、数据功能和算法功能进行执行期间的协同联合控制。协同控制功能一般部署在网元执行层面，能够保证信令的实时快速传输（如毫秒级别），使得任务控制更为实时和高效。在任务范围较大的场景，协同控制功能可部署在较为集中的位置（如部署在核心网），但也处于网元执行层面。协同控制功能可以更实时地感知四要素资源状态，从而可以进行任务的实时 QoS 质量监控和资源动态调整。

以一个 AI 联邦学习任务的执行为例，联邦学习任务需要各参与节点协同执行，协同控制功能负责各节点任务执行的实时控制。首先需要实时感知网络环境的变化，如用户移动、终端切换、链路状态变化等，并根据需求实时调整任务配置。假设该联邦学习任务与用户实时数据相关，则当用户从基站 A 移动到基站 B 范围后，原来由基站 A 执行的学习任务就需要由基站 B 来执行了，这种 AI 任务执行节点的实时迁移可以保障任务的顺利执行和 QoS 要求。同时在任务执行期间，对算力的需求也是不断变化的，需要协同控制功能进行实时的算力调度。

因此，与编排管理功能相比，协同控制功能具备更高效更实时的多任务协同能力，在服务执行过程中，可以根据服务变化或服务进程的发展，自适应地调整任务配置和任务资源。对于涉及区域跨度大、参与业务功能及节点多的服务，可进行跨区跨域的协同控制。不同的协同控制功能间应能够高效交互，保障服务的连续性和高质量。

编排管理与协同控制的关系

如上所述，编排管理和协同控制分别主要作用于任务部署和任务执行阶段。编排管理功能基于服务需求，面向服务 QoS 进行任务的分解、编排、映射和部署；协同控制功能在编排管理所给出的任务流的基础上，实现连接、计算、算法、数据等四要素功能的实时协同管理和动态调整。在分层分布式的网络架构中，编排管理与协同控制形成功能分层，协同实现智能化的任务编排和低时延的任务调度。连接、计算、数据和算法等四要素功能在编排管理功能的指导下和协同控制功能的实时控制下，负责面向各自要素功能的服务构建。

ⅲ 四、智能内生网络特征

分层分布式的智能

首先，智能内生网络的智能呈现分布式特征。为解决处理时延、数据隐私、传输能耗的问题，移动网络算力资源的下沉已成为趋势。同时随着边缘设备和移动终端上分散计算数据的增加，联邦学习、集成学习等分布式学习框架的成熟，为移动网络的分布式智能提供了数据和技术基础。因此，分布式智能被认为是实现下一代智能无线网络的解决方案。一方面，通过将 AI 四要素分布式部署在靠近数据源的位置并进行本地处理，可以减少处理时延、降低数据传输成本、减少资源消耗、保护数据隐私；另一方面，通过将复杂的 AI 任务分解为分布式并行的多任务，并通过联合协同共同完成多任务，能有效解决复杂问题，同时能解决集中式计算的成本和能耗问题，提升 AI 效率。

此外，智能内生网络的智能也呈现出分层分域特征。因为移动网络本身是分层分域的，如在层次上可以分为网元层、网络层、业务层、商务层等；域可分为终端域、接入网域、核心网域、承载域等，而且各层各域的研究发展也是相对独立的，在这种情况下，各层各域与 AI 能力的结合也各有特色，各成体系。为实现 6G 网络性能和服务能力的全局最优，各层各域的分布式 AI 还可以通过设置更高层的集中控制节点进行全局管控及协同，因此 6G 智能内生具有分层分域的重要特征，跨层和跨域的智能化协同也是需要考虑的方面。

开放的智能服务

如前所述，6G 网络具备 AI 四要素功能，这些要素功能通过封装组合后可以形成各类应用能力，这些应用能力将以服务的方式对外提供。即 6G 的智能能力是开放的，能根据服务对象的不同需求提供各类服务，包括网络连接服务、计算服务、数据服务、算法服务、AI 服务和管理服务等，而服务对象也将是多样化的，包括网络内部客户（如网络运营管理需求）、终端用户和第三方合作伙伴等。

可以说，6G 网络的智能是内生的，同时也是开放的，智能能力不仅要服务于 6G 网络本身，更要能被外部系统或服务对象按需灵活调用，如此，6G 的连接、算力、算法、数据等资源能力的价值才能被最大化开发和利用。

实时可保障的智能服务

6G 智能内生网络的智能服务是实时提供的，并具有完善的保障机制，尤其为支持智能驾驶、沉浸式 XR、全息通信、数字孪生等 6G 新型的时延敏感类业务，网络应能够快速匹配并提供相应的各级计算、存储、通信等资源保障，以满足未来业务的极致性能和 AI QoS 要求。为此，在网络智能服务提供过程中，应具备智能服务的 QoS 保障机制，如可通过智能感知网络实时状态信息、预测网络未来状态、及时预留各类资源甚至在线优化服务编排等技术和措施，来保障智能内生网络提供的智能服务和能力的实时性和鲁棒性。

精准提供的智能服务

6G 智能内生网络的智能服务是精准提供的，体现在两方面。

一方面体现为支持千人千面的差异化定制，即网络可以支持未来业务用户粒度的个性化 AI QoS 要求。不同用户对业务体验的要求不同，不同业务对网络质量的要求也有巨大差异，通过 AI 技术来感知和挖掘用户需求及业务差异，对用户需求和业务差异进行快速精准的感知分析和推理预测，是精准提供智能服务的基础。

另一方面精准提供体现为服务提供的确定性。首先需要精细识别用户需求，并根据精细度需求对算力、存储、通信等多维资源进行适当的颗粒度划分、选择和智能调度，从而保障智能服务提供的高效性和准确性。同时还需要满足特定业务对时延、抖动、丢包率、可靠性等指标的确定性要求，从而能够提供精准的智能能力。

209

6G 智能内生网络对服务设计方式、服务部署方式和服务提供方式的变革（如微服务或无服务方式、在网计算）等，将为智能服务的精准性提供架构和技术方面的支持。

以数据和知识双驱动的智能

近年来，基于数据驱动的人工智能技术蓬勃发展，特别是以深度学习为代表的 AI 技术掀起了人工智能高潮，在图像识别、语音识别、自然语言等场景中都取得了很好的效果。数据驱动的人工智能技术的特征之一在于它善于从大量数据中挖掘出数据的特征，而人类并不清楚其挖掘的规则是什么。将该智能模型应用到网络中可以实现网络优化、故障识别、风险预测等智能决策，但人类由于不清楚这些决策生成的深层次原因是什么，因此在很多重要网络应用场景中不敢贸然使用，也就是说人类需要具备鲁棒性和可解释性的人工智能。而知识是人类对物质世界和精神世界探索的结果总和，是人类可以信任的，因此将数据和知识结合起来，将是 6G 网络智能的重要特征。

数据和知识双驱动要求网络能够表征、构建、学习、更新和应用网络的多维主客观知识，基于对数据的处理和对知识的应用来实现网络各类运营管理的决策，从而提供各类智能服务。网络知识范畴包括用户的主观和客观意图知识、网络拓扑知识、网络资源知识、网络环境知识、网络资源分配、优化、问题诊断等策略类知识，以及各种网络运营管理经验等。

..ıl 五、智能内生网络关键技术

智能内生网络涉及多个领域的技术，本文仅列出部分潜在关键技术。

知识表征与构建技术

知识将在实现 6G 网络智能内生中发挥重要的作用，因此关于 6G 网络多维主客观知识的获取、表征、构建、应用和演化是基础技术，包括设计网络数据模型和交互模型、知识的表征和提取、知识的融合和推理等。进一步地，可针对不同群体、对象和业务构建个性化知识库；也可以通过分析不同区域和类型网络的特点和数据，构建具有区域特性的区域知识库；还可以通过对知识的融合泛化，构建具有普适性的全局知识库。不同知识库之间可建立接口，实现跨区域、跨类型的知识共享与模型迁移。此外，还应能够根据网络、用户及社会的变化，对新兴知识进行自动学习、更新和演进，形成知识的自我更新机制。

意图驱动技术

6G 智能内生网络将是意图驱动的网络，6G 网络将以更高级别抽象的方式提取业务或用户意图，借助 AI 技术实现意图的识别、转译和验证，并在网络状态感知和精准预测的基础上，基于意图完成网络自动化部署配置、网络自主优化和故障自愈等。意图驱动技术的应用，将完成网络全生命周期的自动化和智能化管理，极大地提升网络的运维效率、降低运维成本、提高对业务变化的响应速度。

语义识别技术

具备对主观信息的感知、识别和通信能力将是 6G 智能内生网络的特征之一，因此网络需要具备跨模态语义感知能力。即可基于不同场景、环境和状态下收集到的各类信息，对网络所传输信息的语境、语用和语义信息等进行快速感知和识别，并实现对发送端用户信息内涵的理解，即形成"达意"通信。由于人类用户之间交流的信息不仅局限于表达出的显性信息，还包含难以直接表征、识别和解析的隐性信息，如情绪、喜好等，因此除了对显性表达信息内容进行感知和分析外，智能内生网络还将能够提取无法从源信号中直接感知和识别的不同参与者的情绪、喜好、社会关系等个性化隐性信息，并具备对这些隐性数据进行跨域集成和汇总分析的能力。这种提取、感知和解析高阶信息和概念的能力，将进一步提升语义的识别精度及效率。

因此，语义识别、推理和解析是实现 6G 智能内生网络的关键技术之一。将通过建立可准确刻画通信信息中各语义元素间的结构和关联度的方法，对复杂的语义特征进行表征、建模、训练、压缩和优化，并通过学习和模仿人类大脑的知识拓展与推理机制，实现对隐性信息的逻辑推理与解析能力。

可编程技术与在网计算

6G 的智能化体现为对网元和网络的智能化，即网元智能和网络智能。要实现 6G 智能内生网络中的网元智能，要求网元能够支持控制面和数据面的可编程能力，即网元基于可编程芯片或可编程设备在实现数据高速转发的同时能够自定义转发行为，从而实现网元功能和行为的智能调整。从网络智能角度来看，通过可编程技术可对网络中的各类智能化要素进行按需配置、灵活组装、分布式部署和高效计算。因此，可编程技术是实现网络内生智能的重要手段。

在网计算是可编程技术的一种应用场景，是指使用特定类型的网络硬件，如现场可编程门阵列（FPGA）、智能网卡和可编程芯片等，将传统上在主机软件中执行的计算改由网络设备执行，利用可编程技术实现对数据报文的高速处理。在网计算的核心特点是网络设备在完成通信功能的同时完成其他的智能计算任务，如网络异常检测、拥塞控制、重路由规划，或者其他的 AI 任务等，其优势是完全的实时数据线速处理。目前可编程技术及在网计算技术虽然在理论上和部分原型设备中取得了一定的研究进展，但产品的支持程度仍然较低。

分布式 AI 技术

目前用于满足各类智能应用的 AI 模型日趋复杂，模型参数数据量也与日俱增。传统的集中式机器学习技术是将分散在不同区域的数据集中到数据云中心进行模型训练，这种方式面临庞大的通信开销和受限的数据存储及计算能力，越来越不适用于未来 6G 网络的智能化需求，需要引入分布式 AI 技术。分布式 AI 是指将智能计算任务进行分解后，将其分布到多个不同的智能节点或设备中对数据进行训练，然后将训练后得到的模型参数进行聚合或共享，参与协作的智能节点或设备之间传递的只是模型参数或运行结果，而不是原始数据。

分布式 AI 技术消除了集中式 AI 的瓶颈问题，避免了大量数据的传输，降低了通信开销并解决了数据隐私保护问题，同时，分布式 AI 也能够有效协同，支持跨域跨层的联合推理。因此分布式 AI 将是 6G 智能内生网络的关键技术之一，通过分布式 AI 和群智式的推理协同，将构筑 6G 全新的智能生态系统。

ᵈᶦᵃˡ 六、智能内生网络面临的应用场景及挑战

应用场景

未来的 6G 通信系统在实现超高数据速率（高达每秒太比特级）、超低延迟（小于 1 毫秒）和超高可靠性（百万分之一的故障概率）方面将面临挑战。例如，精密工业制造需要微秒到毫秒的端到端延迟，触觉互联网需要大约 1 毫秒的端对端延迟，一些智能电网服务需要 99.9999% 的可靠性等。此外，诸如全息会议、远程全息手术和多感官通信等应用不仅需要超低延迟，还需要超高数据传输速率，以及极低的抖动等。面对业务提出的超高性能要求，6G 网络迫切需要一种机制来满足各种性能要求，这对网络的智能调整能力提出了要求。

6G 时代设想的功能应用以全息通信、多感官通信、智能交通和智能制造为代表，在虚实结合、沉浸式、情境化和个性化方面，对 6G 网络的智能化都提出了很高的要求。当前以基于规则的算法为核心的网络运行范式很难动态适应用户需求和网络环境的不断变化。而且，网络运营经验无法有效积累，制约了网络能力的持续提升。也就是说，在目前的运营模式下，网络不具备自我调整和自我进化的能力，任何升级和改进都必须依靠多专业的耗时的工作。对具有前所未有的地理规模和操作复杂性的 6G 网络来说，这是不可接受的，因此具有智能基因的 6G 智能内生网络，由于具备智能和自我进化能力，是解决上述问题的重要途径。

智能内生网络的应用主要体现在两方面，一方面是服务网络自身，即通过智能能力实现网络自治；另一方面是服务客户，即通过提供智能业务服务个人客户和垂直行业客户。

服务于网络自治

网络实现无人工干预条件下的自运行、自配置、自调整和自治愈，即实现真正的网络自治，一直是网络发展的终极目标。6G 智能内生网络通过在系统设计时即引入端到端的智能能力，希望能够面对网络不断变化的特征，实现网络自感知、自分析、自决策、自执行、自评估的闭环自治。

在实现网络自治的过程中，数字孪生技术是可以采用的方法之一。通过数字孪生技术，网络实体、网络运行情况甚至网络提供的服务都可以通过对信息的实时采集实现数字化。通过对数字化网络进行智能分析，可以实现网络实时状态监测、轨迹预测和故障的预测性干预等，提高整个网络的运行效率及服务效率；还可以提前验证网络新特性部署的效果，加快新特性的改进和优化，避免新特性的启用对真实网络带来损伤，实现新功能的快速安全自动引入，从而实现网络的自进化。

服务于智能业务

网络通过对外提供智能业务，从而实现服务全社会、全行业的愿景。6G 网络典型的全息通信、多感官通信、智能交通和智能制造等业务，不论是面向个人客户还是面向行业客户，都需要依托网络智能。智能化业务在进行高效分布式智能学习或推理的过程中都需要通信和算力的支持，也需要网络能提供动态智能的资源调度支持，6G 智能内生网络是未来智能化时代的通信基础和智能平台。

面临挑战

全功能网络知识库的构建

数据和知识是 6G 智能内生网络的基石。网络知识的质量直接影响立体感知、动态调整和决策的准确性。尽管某些网络用例的小规模知识库可以手动构建，但未来的工作应包括更具挑战性的途径。首先，应该设计一种实用的方法，将不断发现的或生成的知识无缝集成到现有知识库中。其次，应改进知识库演变的反馈机制，以使智能内生网络能够了解哪些行动最常导致事件的解决，生成新的知识。此外，为了实现完全的智能内生性，有必要解决智能内生网络中关键元素和关系的自动发现和映射，从而实现知识的自学习和自演进。

AI 模型鲁棒性和可解释性问题

6G 智能内生网络中 AI 模型将发挥重要作用，目前 AI 模型的泛化性尚有欠缺，无法针对网络环境或场景或数据的变化进行自适应满足，模型迁移成本高。且由于目前 AI 模型大部分采用黑盒模型，其可解释性不足，导致决策过程不透明，影响模型的可信度。此外由于决策类 AI 模型在实际应用前，尚无有效的评估和验证机制，即使是经过沙箱验证的模型，当其直接作用于动态变化的网络时，还是具有不确定性，因此 AI 模型的鲁棒性和可解释性问题可能导致智能内生网络效果大打折扣。

网络自演进的理论问题

6G 智能内生网络应具有自演进特征，但如何实现网络的自演进必然需要理论上的突破。复杂网络演化的动态模型，意图驱动的网络经验提取、重组和演绎方法，以及网络演化内核机制等理论都需要进一步突破。在该过程中，支持自我演化的灵活网络架构和容错沙盒机制也需要开展研究，从而提高网络演化的效率和鲁棒性，这是实现网络自演进并具有实际可用性的重要前提。

智能体的高效部署问题

6G 智能内生网络将依赖大量分布式的计算密集型的人工智能功能，

而这些人工智能功能是在智能体上运行的。过去人工智能功能在哪里部署没有严格考虑，因为网络中没有太多这样的智能体。但随着 6G 智能内生网络对分布式智能计算的依赖，计算和网络资源的有效利用成为一个突出问题。这些因素使得智能体以及其上运行的人工智能功能的高效部署成为一个需要解决的重要问题。

数据安全与隐私保护问题

6G 网络对数据的安全和隐私保护将被提到前所未有的高度，智能内生网络中的 AI 离不开各种类型的数据。在 AI 应用过程中，往往需要获取与用户相关的数据，并涉及数据的传输、存储和使用等各个方面，不可避免关系到用户数据的隐私问题。同时 AI 应用涉及网络运营方、服务提供方、交互用户等多方主体，而多方主体在数据安全和隐私保护机制上存在千差万别，需要协同考虑数据安全与隐私保护问题。

算网协同调度及能耗问题

大规模分布式 AI 将是未来 AI 架构的主流，这种架构对于云、边、端多层次的计算资源及相应的传输资源都提出了新的需求。虽然网络实现了分布式节点的互连，但为了支持多样化的 AI 应用，需要具备网络资源和算力资源的协同调度能力，以便通过优化的动态路径，将服务流调度到最佳计算节点进行处理，且各级别计算节点可以动态地响应实时变化的计算任务。这种协同调度不仅需要高度智能化处理，还会导致巨大的能源开销。同时，未来 6G 时代的云边端协作模式将产生更加海量的多样化数据，AI 训练的模式也将多样化，如何解决训练、推理过程中涉及的传输、计算资源的能耗问题是智能内生网络架构设计的挑战之一。

第6节　融合的网络——空天地海一体化网络

一、什么是空天地海一体化网络

试想一下在飞行于8000米高空的飞机上、在航行于太平洋的轮船上也能玩《王者荣耀》或者享受4K视频的情景，这种美好愿景将可能在6G时代实现。无线通信的范围其实很广，我们目前使用的手机通信系统只是无线通信的一种，是一种陆地蜂窝移动通信系统，主要应用在陆地，提供了基础的无线通信服务。但在一些特殊情况下，陆地蜂窝移动通信系统还存在很大的局限性。

一方面，随着元宇宙等业务的发展，用户接入和流量需求等都将面临爆发式增长，由于地面网络的覆盖范围和网络容量有限，仅依靠地面网络已经不能满足人们对地球上随时随地高速可靠网络接入的爆炸式需求；另一方面，随着科学技术的进步和人类探索宇宙需求的不断增长，人类活动空间将进一步扩大，将向高空、外太空、远洋、深海、岛屿、极地、沙漠等扩展。陆地蜂窝移动通信系统要实现对这些地区的远距离通信和广域覆盖，需要部署大量通信基础设施，但是在这些区域安装基站、光纤等通信设施是不现实的，因此，目前陆地蜂窝移动通信网络的覆盖还远远不够，还需要其他无线通信系统来支持。

其他用来满足远距离通信和广域覆盖最主要的无线通信系统包括卫星通信和空中通信，此外为实现水下和深海通信，还需要水下无线通信系统的支持。这些通信系统目前已经存在，但都是相对独立的通信系统，使用不同的频段、不同的系统和不同的终端，相互之间无法协同，无法共同为用户提供统一的通信服务。

　　理想的未来 6G 网络应是一张可以覆盖任何地方的一体化网络，这引起了工业界和学术界对空天地海一体化网络的关注。美国早在 2000 年就率先提出了建设天地一体化信息网络的构想，综合卫星网络和地面网络二者各自的优势，在统一框架下实现按需定制，从而为用户提供更优质的服务。我国则将天地一体化网络列为科技创新 2030 的重大工程项目之一，并纳入《中华人民共和国国民经济和社会发展第十三个五年规划纲要》以及《"十三五"国家科技创新规划》。近几年，中国联通和中国电信都启动了空天地海一体化网络建设计划，开始推动空天地海一体化网络产业链的成熟。在学术界，则提出了空天地海一体化网络架构设计方案，并研究了其中的关键技术问题。

　　目前信息服务空间范围已经不断扩大，空基、天基、海基、地基等各类网络及相应业务不断涌现，但尚不能称之为空天地海一体化网络。空天地海一体化网络应能够为陆、海、天、太空用户提供无缝信息服务，满足未来网络应用对全天候、全空间通信和网络互联互通的需求，从而实现全球无缝覆盖的愿景。

　　具体来说，空天地海一体化网络的目标是在传统陆地蜂窝移动通信网络的基础上，实现与卫星通信、空中通信网络和深海远洋通信网络的深度融合，即以地面网络为基础、以空间网络为延伸，覆盖太空、空中、陆地、海洋等自然空间，形成天基（卫星通信网络）、空基（飞机、热气球、无人机等通信网络）、陆基（地面蜂窝网络）和海基（海洋水下无线通信及近海沿岸无线网络）协同的一体化通信网络，为各类用户提供统一的信息保障。

　　在空天地海一体化网络下，可以实现任何人在任何时间、任何地点与任何人进行任何业务通信或与任何物体进行信息交互，用户不需要更换系统和终端，也不需要知道具体使用的是哪种系统，对用户而言，就是一张网，用户感知不到不同网络技术的差异，这就是空天地海一体化网络。

.ull 二、空天地海一体化网络带来的好处

全球无缝覆盖

提供全球无缝覆盖是空天地海一体化网络的初衷。由于无线频谱、地理区域覆盖范围和运营成本的限制，仅靠 5G 陆地蜂窝移动通信网络无法实现无处不在、随时随地提供高质量、高可靠性的服务，尤其是在应对边远地区即将到来的万亿级物联网设备连接方面尚难以支持。为了在全球范围内提供真正无处不在的无线通信服务，必须发展空天地海一体化网络，以实现全球范围内的连接，并使各种应用可达，特别是在偏远或环境恶劣地区。与传统通信系统仅覆盖陆地不同，6G 的空天地海一体化网络将整合水下通信网络，支持广海和深海活动，并将突破地形地表的限制，将网络扩展到太空、空中、极地等自然空间，真正实现全球全域的泛在连接。同时，一体化网络将通过多种接入方式的协同传输，实现对多个系统资源的统一管理，提高整体资源的利用效率。

按需提供个性化服务

空天地海一体化网络将以满足用户需求为目标，按需提供个性化服务。在空天地海一体化网络中，可以由各种组网技术为用户提供服务，它们在覆盖范围、传输时延、吞吐量、可靠性等方面各有利弊。通过有效的互联网络，不同的网段可互相配合，以高效率及具有成本效益的方式提供服务。例如：卫星通信可以在没有地面网络覆盖的地区（如偏远

地区、灾难场景和公海区域等）补充地面网络的服务接入；卫星链路的宽覆盖和光纤骨干网的高数据速率的互补特性可以作为无线回程的替代技术；高空或中低空无人机通信一方面可减轻地面网络负担，在具有高度动态数据流量负荷的热点地区提高服务能力，另一方面在应急救援场景下提供临时网络覆盖方面也可发挥重要作用；具有遥感技术的卫星 / 无人机可以获取可靠的监测数据，并协助地面网络进行有效的资源管理和规划决策等。

提高网络的可扩展性

6G 网络需要为陆海空天用户提供无缝信息服务，以满足未来业务对全时全域通信和互联互通的需求。用户需求是随时变化的，网络也需要适应用户需求的变化，应具有可扩展性。在空天地海一体化网络中，地基网络主要负责业务密集区域的服务；空基网络负责完成覆盖增强、使能边缘服务以及网络重构等功能；天基网络负责实现全球覆盖、泛在连接等功能。通过多维网络的深度融合和优势互补，空天地海一体化网络可以有效地综合利用各种资源，如当某一时刻某一区域存在大量连接请求和计算需求时，无人机可以随时增加部署；当需求由高峰向低谷变化时，可以及时减少部署以节省能源。通过空天地海融合的资源智能调度，可以游刃有余地应对变化的差异化需求，空天地海一体化网络提升了网络的可扩展性。

ⅲ 三、空天地海一体化网络架构及关键技术

网络架构

在 6G 愿景下，空天地海一体化网络可以实现无所不在的全球网络覆

盖，它将综合利用新型信息网络与通信技术，充分发挥空、天、地、海信息技术各自优势，提供全球无缝覆盖、超低延迟、超高速率、超大带宽的通信，并可以满足不同领域用户的各种需求，最终为各类不同用户按需提供实时、可靠、安全、机动、高效、智能的业务。

空天地海一体化网络架构如图 4-11 所示，以地基网络为基础，以天基网络和海基网络为延伸，以空基网络为衔接和补充，覆盖太空、天空、地面、海洋等自然空间，满足各类用户的各类业务需求。

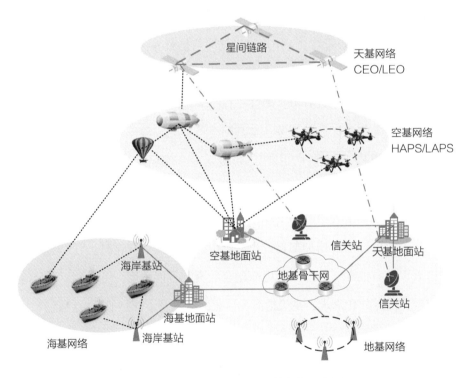

图 4-11　空天地海一体化网络架构示意图

空天地海一体化网络由天基网络、空基网络、地基网络和海基网络四个网段组成。这些网络之间可以独立处理数据，也可以相互协作传输信息，实现高质量的数据通信，为用户提供灵活的端到端服务。

与传统陆地蜂窝移动通信网络不同，空天地海一体化通信是分层异构的网络。其中，陆地移动通信网提供基本覆盖，卫星网络（天基网络）作为陆地网络的补充，在陆地网络覆盖范围有限或无法覆盖的区域（如偏远地区、灾难场景、危险区域和公海领域等）提供服务。空基网络通过动态部署无人飞行器（包括高空平台空中基站或中低空平台空中基站）来分担陆地网络的数据流量，以提高局部热点区域的服务质量，或承担灾难区域的通信服务。海洋通信网络与卫星网络和陆地通信网络协同，支持在广袤的海上和深海开展通信业务。

天基通信网络

卫星通信系统也叫天基通信系统，是指利用人造地球卫星作为中继站转发或发射无线电信号，从而实现广域范围的通信。卫星通信网络可以提供无缝无线覆盖，可用于扩展当前的地面通信网络，已被纳入未来的无线网络架构中。卫星通信系统一般包括空间段、地面段和用户段三部分。

空间段

空间段由空间轨道中运行的人造通信卫星构成，是系统的核心，根据卫星轨道的高度，可以分为高轨道卫星（GEO）、中轨道卫星（MEO）、高椭圆轨道卫星（HEO）、低轨道卫星（LEO）和极低轨道卫星（VLEO）。

其中，高轨道卫星运行在高达 36000 千米的同步定点轨道上，即在赤道平面内的圆形轨道上，卫星的运行周期与地球自转一圈的时间相同。在地面上看，这种卫星好似静止不动，因此也称为对地静止轨道卫星。它的特点是覆盖面大，理论上三颗卫星就可以覆盖地球的几乎全部面积，但其缺点是部署成本高，传播时延大，因此高轨道卫星主要用于电视广播、海外电报和微波通信等。

中轨道卫星和低轨道卫星靠近地面，可以远程拍摄高分辨率的物体照片，通常应用于地形侦察、资源探测和气象监测。而极低轨道卫星是轨道最低的卫星，可提供高速率数据服务和精确定位服务。

由小型低轨道卫星组成的巨型星座系统更是当前研究的热点，如星链计划、Oneweb 星座计划等，我国也启动了相应的"虹云""鸿雁"等星座计划。

地面段

地面段由各类地球站组成，地球站是指设置在地球表面（包括地面、海洋或大气层）的无线电通信站，主要完成向卫星发送信号和从卫星接收信号的功能，同时也提供了到地面网络或用户终端的接口，可以分为固定地球站、便携式地球站和移动地球站几类。

用户段

用户段由各类用户终端组成，是为用户提供各种服务和应用的载体，包括直接连接到卫星链路的终端或通过地面网络连接到卫星链路的终端等，有手持终端、移动终端、固定终端、电脑等类型。

未来卫星通信将在全球无缝覆盖方面发挥不可替代的优势，与地面移动通信网形成互补，为因技术或经济因素无法建设和运行地面移动通信系统的偏远地区、空中、海洋、沙漠、山区、森林等提供网络接入和通信服务。发生地震、海啸等严重自然灾害，地面移动通信网络受损而导致通信中断时，卫星通信网络，尤其是低轨道卫星网络将成为重要的应急通信手段。

空基通信网络

空基通信系统通常指将无线基站、转发器、无源中继等通信设备安放在长时间停留在空中的飞行平台上来提供通信服务的通信系统。空基通信网络由空中飞行平台搭载的通信系统组成，它能自动提供空中飞行平台与地面站、与海网之间的数据路由，并能与卫星网络交换数据信息。

通过空中飞行平台（如高空平台、热气球、无人机、飞艇或者小型飞行器等）搭载的基站可称为空中基站。空中基站可分为高空平台（high altitude platform，HAP）空中基站和中低空平台（low altitude platform，LAP）空中基站。

高空平台空中基站

指搭载于高空平台的空中基站。高空平台指位于平流层高度（距地表为 17—22 千米）的无人机长航时平台，可在区域覆盖范围内提供对多用途通信有效载荷的搭载，从而可为城市、郊区和偏远地区提供快速互联网接入和无线通信服务，减少对地面和卫星网络的依赖。高空平台主要有高空飞机、热气球、飞艇等。高空平台中搭载的基站设备支持的数据速率和容量都较高，且可以通过增加波束数量或改变波束的大小来升级。

中低空平台空中基站

指搭载于中低空平台的空中基站。中低空平台通常指各类无人机平台（通常在几十米至十几千米的高度运行），任务持续时间较短。中低空平台主要有固定翼无人机、旋翼无人机、多旋翼无人机等。由于无人机具有灵活性、移动性和部署高度适应性等特点，被认为是未来无线网络中必不可少的组成部分。中低空平台中搭载的基站设备支持的数据传输速率和容量相对较低。

对应的空基通信网络可分为基于高空平台和基于低空平台的通信网络两种。

基于高空平台的通信网络

这一网络在提供移动通信和宽带无线接入服务方面有较大的优势，其特点包括：网络节点大多有多个链接，可以实现网络的可靠性、高容量和低延迟；其次，大多数节点是移动的，因此网络链路和网络拓扑结构会随着时间的推移而变化，相邻节点之间的距离有很大变化，从几百米到几十千米，拓扑结构的动态变化给资源的调度带来一定的难度；最后节点的电力供应是有限的，因此每个节点的能源效率不仅影响到运营成本，也会影响到商业可行性。

基于 LAP 的通信网络

与高空平台网络类似，低空平台网络也具有多样化和可变化的拓扑结构，这种拓扑结构在可靠性和灵活性方面具有良好的表现，但对资源调度也带来了难度。低空平台具有灵活的移动性，为了完成通信任务，它可通过各种有效的移动控制机制，如单低空平台移动控制和多低空平台合作机制等，将低空平台移动到目标区域，并通过 QoS 保障机制来提供可靠高速的数据传输。

由此可知，空基通信网络的核心特征是可移动和部署灵活性，但是由于空中无法连接电缆进行供电，相比地面基站，空中基站需要对移动性和能耗进行严格管理。因此空基通信系统一般具有三个核心子系统，分别是飞行控制子系统、通信载荷子系统以及能源管理子系统。

飞行控制子系统主要用于控制平台的稳定性、移动性以及自身转向。通信载荷子系统是搭载在飞行器上对外提供通信服务的基站或者中继通信硬件设备，存在大量有源设备，会产生大量能耗。能源管理系统主要处理飞行器能源的产生与分配，比如动能与通信功能间的能耗分配等，此外，随着空中基站智能化，用于数据处理的计算能耗也将大大增加，因此能源管理需要从更多因素、更多层次角度采取智能统筹的方式进行自动化管理。

与卫星通信类似，在发生自然灾害或地面网络严重中断的情况下，空基通信网络可成为应急无线通信系统的一种有效解决方案。与卫星相比，无人机具有更低通信成本、更低延迟和更灵活的移动性。然而，无人机的高速度导致了空对地和空对空通信的动态信道特性在时间和空间上的变化，无人机的非静态信道也给覆盖和连接带来了挑战。此外，空基通信网络还面临着与网络安全相关的各种挑战。

海基通信网络

海洋面积约为 3.6 亿平方千米，大约占地球表面积的 70.8%，远大于陆地面积。而国际海运业是国际贸易中最主要的运输方式，负责运送近 90% 的世界贸易量，此外，油气勘探开发、海洋环境监测、海洋科考、海洋渔业、海水养殖等方面的海上作业也越来越多，对海洋通信的需求非常迫切。但由于海洋环境复杂多变，海上施工困难等因素，使得海洋通信发展远远滞后于陆地通信、滞后于需求。

海洋通信包括海上通信和水下通信。

海上通信主要包括海上无线通信、海洋卫星通信和基于陆地蜂窝网络的岸基移动通信。海上无线通信系统提供中远距离通信覆盖，如专用的船舶自动识别系统（automatic identification system，AIS）；海洋卫星通信系统目前投入使用的包括海事卫星系统、铱星系统、北斗卫星导航系统等；岸基移动通信系统主要由近海岸的陆地蜂窝网基站与船只用户构成，即在近海岸、海岛及海上漂浮平台上布置 2G/3G/4G/5G 基站，为近海船只用户提供语音及数据服务。

水下通信一般指水上实体与水下目标（如潜艇、无人潜航器、水下观测系统等）之间或水下各目标之间的通信。水下通信在军事中起到了至关重要的作用，同时也是实现海洋观测的关键手段。水下通信主要采用声波、电磁波和光波等作为信息载体，利用不同形式的载波传输数据、指令、语音、图像等信息。根据承载信息的载体不同，水下通信分为水声通信、水下电磁波通信和水下光通信，分别使用声波、电磁波和光波实现信息的传递，它们共同构成了覆盖海洋的水下通信网。

相比于天基和地基网络，由沿岸基站、水面舰艇、浮标等组成的海基网络的发展稍显逊色。加之海基通信易受气象条件变化和海洋环境波动的影响，目前相应的系统大多结构形式较为简单，服务能力有限。

关键技术

空天地海一体化网络的设计和构建是一项非常大的系统工程，涉及的关键技术也非常多，且诸多技术还需较长时间实现成熟应用，下面仅列出部分关键技术。

星际组网与新型路由协议设计

目前的卫星之间没有链路直接相连，它们之间通信是通过地面系统来完成的，传输效率低。而要实现空天地一体化通信，卫星之间形成互联网络是很重要的一环，这就需要星际链路的支持。星际链路（inter-satellite link，ISL）是指卫星之间通信的链路。通过星际链路把多颗卫星互联在一起，每颗卫星都成为空间通信网络中的一个节点，以此形成一个以卫星为交换节点的空间通信网络，使通信信号能不依赖于地面通信网络进行传输，从而提高空间通信网络传输的效率和系统的独立性。通过星际链路，卫星也可以实现独立组网，从而不依赖地面网络提供通信服务，同时也可以在一定程度上解决地面蜂窝网的漫游问题。

面向 6G 的空间通信网络中，卫星之间将建立更加广泛和全面的连接，包括不同轨道面之间、同一轨道面之内的卫星之间等，都需要建立高速的星际通信链路。多层卫星系统将在天上建立一张与地面系统相当规模甚至更大规模的空间通信网络，这张空间通信网络既可以独立存在、又可以与地面网络相互融合，真正实现空天地一体化发展。

在这个过程中，涉及很多关键技术，包括多层卫星网络构成的空间通信网络的组网架构设计、高中低轨各层卫星星座设计、不同类型的星际链路设计，以及空间通信网络新型寻址及路由协议的设计等，这些都是空间通信网络的研究重点。除此之外，星地组网架构、星地链路、星地通信协议的设计同样是空间通信网络的研究重点。

高可靠且高效的传输协议

目前在陆地网络和卫星网络中，主要使用的是 TCP/IP 协议簇，但由于 TCP/IP 协议的最初设计理念是尽力而为，因此在空天地海一体化网络中对支持面向 6G 的高质量高可靠性业务显示出了局限性。

在天基网络中，随着卫星网络的逐渐完善，对星间链路的需求日益强烈，卫星通信网络的特殊性对 TCP/IP 协议簇提出了挑战。我们以低轨道卫星为例进行分析。从拓扑结构来说，不同于互联网的随机拓扑结构，卫星通信网络具有动态但确定性的拓扑结构，随着未来更密集地部署低轨道卫星，这一特性会越发显著，而 TCP/IP 协议无法充分利用这一特性；从传输时延来说，卫星间距离长，且由于具有很高的移动性，时延会发生变化，这种变化会影响传输速率；从数据处理能力来说，低轨道卫星网络目前的星上处理和存储能力有限、数据流量不均匀、误码率高，TCP/IP 协议尽力而为的设计思路很难保证业务的提供质量。

同样的技术问题也存在于空基和海基通信场景中，例如，无人机的海拔高度、高度移动性、有限功率、有限载荷、干扰、流量分布不均等特性不同于传统通信网络，TCP/IP 协议尽力而为的特点在节点高度移动、网络拓扑动态变化条件下很难保证性能。因此在空天地海协同通信场景中，特别是远距离通信时，为了提供可靠的数据传输路径，新型传输协议是目前的研究热点。

高效自主的运行管理机制

在多维异构高度动态的空天地海一体化网络中实现高效的运行管理，是研究人员面临的重要挑战。不管采用什么技术，在一体化网络的运行管理中，网络资源的立体感知、网络运维决策的动态演进、网络资源的柔性自主调度是实现高效自主运行管理的三大关键环节。考虑到空天地海一体化网络的超大规模和时空复杂性，人工智能技术将在一体化网络的运行管理中发挥重要的作用。6G 网络是人机物灵融合的网络，智能化是 6G 网络的内在特征，同样也可应用于各种空天地海通信场景中。

例如，未来的卫星通信网络将是一个自治系统，能够自主学习、预测和处理，能够自主调整拓扑结构，并能自主实现资源的调度和故障的自愈。尤其对于低轨道卫星通信系统，可具备自主动态组网能力，即低轨星座系统根据用户、馈电、星间链路的实时变化，基于人工智能技术，自主保持各低轨道卫星间的相对位置，自动更新维护网络拓扑，自主维护卫星轨道姿态，并根据资源使用和干扰情况进行协商调度和干扰控制。

基于人工智能技术实现空天地海一体化网络的自管理和自优化是未

来研究热点，包括基于 AI 智能决策技术实现空天地海链路的动态连接、路由选择、负载均衡、干扰协调；基于 AI 算力实现不同空天地海节点之间计算存储的协同处理和分发；基于意图网络实现网络规划、资源柔性调度等以满足用户的 QoS 保障需求等。

天海协同物联网

在空天地海各种网络协同场景中，天海协同因无法借助地面网络而具有特殊性。日益增长的海洋业务对海洋物联网提出了诸多要求和挑战，包括：要求无处不在的连接和服务连续性，同时要求通信简单而可靠；海洋物联设备具有异构性，且业务流量具有不均匀性，要求网络互操作性强，且容量具有可扩展性。传统的海洋通信系统在满足日益增长的海洋无线覆盖与通信需求方面逐渐表现出不足，为了实现海上蜂窝物联网服务，需要研究天海协同关键技术。

卫星海洋协同技术

海上蜂窝物联网的首要需求是在全球开放的海洋上提供船舶和岸上的普遍连接，以确保海上服务的连续性，这构成了一个独特而严峻的挑战。与地面蜂窝通信不同的是，地面蜂窝通信是通过大规模部署基站来提供广域无线覆盖，而通过这种方法来覆盖公海显然是不现实的，因此需要部署天基卫星辅助的网络系统，形成一个空间 – 地球一体化的天海协同物联网系统。

新型空中接口技术

海事通信与陆地通信有很大不同，海事物联网不仅对网络结构提出严格的要求，而且对空中接口也提出了巨大的挑战。对一个成熟的物联网通信系统来说，至少需要确定支持三种无线通信方式：用于海事和全球覆盖的卫星通信；用于近岸高流量区域部署的地面通信；用于海事物联网近程服务的近程通信。因此天海协同物联网需要新型的简单且高效的空中接口技术的支持。

尽管仍处于早期发展阶段，但随着各种技术的进步与协同作用，天海协同物联网技术将继续在 6G 中发展，使高可靠海事物联网离实现更近一步。

.ill 四、空天地海一体化网络面临的应用场景及挑战

应用场景

空天地海一体化网络具有广覆盖特性，且各种网络技术在覆盖、速率、时延、吞吐量、可靠性、提供服务等方面各有优缺点，互为补充，可在应急保障、热点场景覆盖、行业特殊服务等方面发挥作用，下面针对典型应用场景给出介绍。

应急保障场景

当水灾、地震、火灾等突发灾害造成道路和通信中断后，陆地蜂窝通信网络受影响较大，难以依靠传统地面应急通信手段保障服务。为应对自然灾害造成的通信中断，可在原有的陆基蜂窝通信网络基础上叠加天基、空基等能力，为地面通信提供空中备份网络，形成分层的空天地一体化应急保障体系。空天地海一体化技术，尤其是卫星通信和空中通信拥有显著的大范围通信优势，可不受地面限制向空、天、地、海等多维空间扩展，具有不过度依赖外部环境、可快速部署、操作性强等特点，在救灾过程中对救援指挥调度、应急通信保障、信息报送、数据采集等具有显著优势，已在近年的自然灾害应急通信保障中发挥了至关重要的

作用。

2021 年 7 月河南郑州"7·20"特大暴雨灾害救援时，空天地一体化网络发挥了重要作用，相关部门调派了在贵州省的"翼龙 -2H"无人机从安顺机场出发，历经 4.5 个小时、近 1200 千米飞行，跨越贵、渝、湘等多个省市，顺利悬停在河南省米河镇上空，为当地约 50 平方千米范围内的 2572 名用户，提供了 5 个小时不间断的稳定可靠手机通信服务。在该次应急通信保障任务中，"翼龙 -2H"应急救灾型无人机依靠携带的移动通信基站和装配的卫星通信天线，通过卫星回传链路建立起与移动通信主站之间的连接，运用空中组网、高点中继等技术，现了数据、语音、图像的互联互通。同时，无人机还利用航测相机、雷达等，通过图文监测严重受灾地区情况并实时回传，为指挥中心开展应急救援工作提供有效支撑。

随着未来空天地技术深度融合，进一步突破技术壁垒，构建跨地域、跨空域、跨海域的空天地海一体化网络，构筑涵盖卫星、无人机、地面应急车、地面超级基站的整体应急通信保障体系，将可全面满足应急通信领域发展需求，实现空天地海资源优势互补，提升国家应急通信保障能力。

容量和覆盖增强

随着高分辨率视频信息和图片信息传输的广泛需求，终端用户的通信数据量将会显著增加。此外，在人员高度密集的会展中心、举办重要赛事的体育场馆等场景，以及车联网中海量图片等传感信息需要上传并分析计算的场景，均会产生大量的数据传输需求。同时，热点区域通信需求往往是暂时的、爆炸性的、聚集的。对于这些热点区域，可以在相应区域快速调度灵活的中低空空中基站，分担用户数据传输的压力，进行临时性容量增强。不仅是容量补强，在偏远山区、农村或环境恶劣的地区，在缺乏网络覆盖的情况下，采用空中基站巡航服务的成本远低于修建地面光纤链路和基站的成本，因此利用非地面网络还有助于实现低成本的普遍覆盖服务。

民航和海事通信

由于民航客机和游轮远离地面基站的覆盖范围，目前大都采用卫星 + Wi-Fi 的方式实现通信。但受限于当前高轨道卫星的通信能力，无法满足用户在带宽、速度、延迟等方面的需求。相较于移动蜂窝网络，还存在 Wi-Fi 安全性较差、不能无感知接入等问题，无法提供给用户满意的服务体验。未来利用空天地海一体化网络，将非地面网络和飞机、游轮上的小基站相结合，可以为乘客提供更低时延、更高带宽、更多样化的综合通信业务，如视频点播、网络游戏等，甚至达到和地面网络一样的用户体验。

行业服务与科学考察

随着低轨道卫星的快速发展，在特定行业应用场景中将出现空天地海一体化网络在成本、性能等方面优于地面网络的情况。比如，据伦敦大学学院的马克·汉德里（Mark Handley）教授对星链低轨道卫星星座测算结果表明，在英国和南非之间采用卫星通信将比使用光纤通信的延迟小 100 毫秒；再如海上钻井平台、边远矿区等光纤不可达的地区，可以通过空天地海一体化通信网络实现更有效的业务接入。此外，对于环境恶劣地区的科学考察任务，如水土保持监测、沙漠监测、河湖监管、海上科考、南极科考、自然资源综合监测等，空天地海一体化通信网络可支持其实现数据采集、传输和业务交互。

面临挑战

空天地海一体化网络由于跨域、跨介质、多层级建设，具有拓扑高度动态、异构网络互连、通信环境迥异、时延方差大及处理能力不平衡等特点，在移动性管理、协议设计、路径选择、能耗管理等方面存在诸多挑战。

移动性管理

在空天地海一体化网络中，卫星尤其是近地低轨道卫星、无人机、船舶、地面车辆用户终端以及海上设备等，都具有高速移动性，造成了网络拓扑结构的高度动态性，对网络的无缝覆盖提出了严格的要求。在空间网络资源有限的情况下，高动态轻量级的移动性切换机制尤为重要。例如，当将低轨道卫星网络作为无线回程网络时，其容量受到高度动态的卫星星座拓扑结构和低轨道卫星之间有限的接触时间的限制，对于选择卫星或地面回程的决策过程将带来技术上的挑战。

传输网络协议

如前所述，目前 TCP/IP 协议族广泛应用于地面和卫星网络，然而，由于该协议族最初的设计目的是支持有线互联网中任意网络拓扑的尽力而为服务，因此在应用于未来的空天地海一体化网络时存在一定的局限性。如卫星通信网络具有动态但确定性的拓扑结构，在密集部署低轨道卫星的情况下，与传统互联网中的随机拓扑结构具有很大的差异；再如低轨道卫星机动能力强但通信时延变化大，卫星上行和下行信道传输速率具有不对称性等，这些特性都会对 TCP 性能带来负面影响。

随着网络虚拟化技术的兴起，未来的空天地海一体化网络在逻辑上将具有全面网络切片能力，这样就可以实现切片内相对独立的智能传输策略及高效的传输协议，而不像因特网中的分组交换在传输控制中只依赖于端节点。但是如何设计高效的传输协议，使之能够利用空天地海一体化网络的各种特性以获得最大的性能，是需要进一步研究的内容。

路由策略

在空天地海一体化网络中的各节点间确定路由策略是一个重要问题，该问题在单一天基网络、单一空基网络中已经较难解决。例如当天基网络中近地轨道卫星支持远距离通信时，必须考虑星间路由，才能为卫星用户提供可靠的数据传输路径，但低轨道卫星网络具有机载处理和存储能力有限、网络拓扑动态、数据流不均匀、误码率高等特点，因此低轨道卫星网络的星间路由策略制定有一定难度。再如在空基通信的无人机机群网络中，由于无人机的机动性、部署高度、无人机间距、外部噪声、无人机接入用户在时空域的流量分布不均匀等都会对路由协议产生很大影响，传统路由协议无法生效。因此，在空天地海一体化网络中，能够适应高移动性节点、动态网络拓扑、异构传输环境的路由策略的设计难度更大，目前仍处于初级阶段，还需要进一步研究。

能源效率

与陆地蜂窝移动通信系统不同的是，无人机和卫星由电池和 / 或太阳能提供动力。无人机的能量消耗主要由维持飞行高度和机动性所需的推进能量决定，而强辐射和空间变温则影响卫星的能量消耗。由于电池和太阳能容量有限，无人机的飞行时间很短，卫星的传输、处理和传感功能也可能会受到严重限制。因此，提高能源效率以增加无人机和卫星在空天地海一体化网络中的续航能力仍然是一个关键但具有挑战性的研究课题。

总之，空天地海一体化网络是未来通信网络发展的大势所趋。综合利用新型信息网络与通信技术，充分发挥空、天、地、海信息技术各自优势实现一体化综合处理和最大有效利用是发展目标。空天地海一体化网络以其战略性、基础性和不可替代性的重要意义，将成为保障国民经济和国家安全的重要基础设施。

———————— 本章参考文献 ————————

[1]You X, Wang C X, Huang J, et al. Towards 6G wireless communication networks: Vision, enabling technologies, and new paradigm shifts[J]. Science China Information Sciences, 2021, 64(1): 1-74.

[2]Zhang J H, Tang P, Yu L, et al. Channel measurements and models for 6G: current status and future outlook[J].Frontiers of Information Technology & Electronic Engineering, 2020, 21(1): 39-61.

[3]Yuan Y F, Zhao Y J, Zong B Q, et al. Potential key technologies for 6G mobile communications[J]. Science China Information Sciences, 2020, 63(8): 217-235.

[4]祁权, 杨琳. 国际电信联盟发展现状概述[J]. 中国无线电, 2020(8): 28-30.

[5]滕学强, 彭健. 世界各国积极推进6G研究进展[J]. 信息化建设, 2020(6): 59-61.

[6]Yang P, Xiao Y, Xiao M, et al. 6G wireless communications: vision and potential techniques [J]. IEEE network, 2019, 33(4): 70-75.

[7]牛凯，戴金晟，张平，等.面向6G的语义通信[J].移动通信， 2021（454）.

[8]王敬宇，郭令奇，李博堃.意图转译技术研究报告[R]. 2022-10.

[9]中国联通研究院.算力网络架构与技术体系白皮书[R]. 2020-10.

[10]中国移动通信集团有限公司.中国移动算力网络白皮书[R]. 2021-11

[11]刘光毅，金婧，王启星，等.6G愿景与需求：数字孪生、智能泛在[J]，移动通信，2020,44(6): 3-9.

[12]IMT-2030网络组. 面向6G网络的智能内生体系架构研究[R].2022-11.

[13]吴建军，邓娟，彭程晖，等.任务为中心的6G网络AI架构[J].无线电通信技术，2022(04).

[14]李妍，范筱，黄晓明，等.面向未来的陆海空天融合通信网络架构 [J]. 移动通信 ，2020,44(6): 104-115.

[15]周凡钦，李文璟，赵一琨，等.空中基站管理方法研究[J].中国通信标准化协会，2022(11).

[16]张海君，苏仁伟，唐斌，等.未来海洋通信网络架构与关键技术[J].无线电通信技术，2021.